Saidi Hamza
Koudri Filali Hamza
A k Kheddaoui   Med Amine

Etude et réalisation d'un robot mobile commandé a distance

Saidi Hamza
Koudri Filali Hamza
A k Kheddaoui   Med Amine

Etude et réalisation d'un robot mobile commandé a distance

Contrôle à distance

Éditions universitaires européennes

Mentions légales / Imprint (applicable pour l'Allemagne seulement / only for Germany)
Information bibliographique publiée par la Deutsche Nationalbibliothek: La Deutsche Nationalbibliothek inscrit cette publication à la Deutsche Nationalbibliografie; des données bibliographiques détaillées sont disponibles sur internet à l'adresse http://dnb.d-nb.de.
Toutes marques et noms de produits mentionnés dans ce livre demeurent sous la protection des marques, des marques déposées et des brevets, et sont des marques ou des marques déposées de leurs détenteurs respectifs. L'utilisation des marques, noms de produits, noms communs, noms commerciaux, descriptions de produits, etc, même sans qu'ils soient mentionnés de façon particulière dans ce livre ne signifie en aucune façon que ces noms peuvent être utilisés sans restriction à l'égard de la législation pour la protection des marques et des marques déposées et pourraient donc être utilisés par quiconque.

Photo de la couverture: www.ingimage.com

Editeur: Éditions universitaires européennes est une marque déposée de
Südwestdeutscher Verlag für Hochschulschriften GmbH & Co. KG
Heinrich-Böcking-Str. 6-8, 66121 Sarrebruck, Allemagne
Téléphone +49 681 37 20 271-1, Fax +49 681 37 20 271-0
Email: info@editions-ue.com

Produit en Allemagne:
Schaltungsdienst Lange o.H.G., Berlin
Books on Demand GmbH, Norderstedt
Reha GmbH, Saarbrücken
Amazon Distribution GmbH, Leipzig
ISBN: 978-613-1-55988-4

Imprint (only for USA, GB)
Bibliographic information published by the Deutsche Nationalbibliothek: The Deutsche Nationalbibliothek lists this publication in the Deutsche Nationalbibliografie; detailed bibliographic data are available in the Internet at http://dnb.d-nb.de.
Any brand names and product names mentioned in this book are subject to trademark, brand or patent protection and are trademarks or registered trademarks of their respective holders. The use of brand names, product names, common names, trade names, product descriptions etc. even without a particular marking in this works is in no way to be construed to mean that such names may be regarded as unrestricted in respect of trademark and brand protection legislation and could thus be used by anyone.

Cover image: www.ingimage.com

Publisher: Éditions universitaires européennes is an imprint of the publishing house
Südwestdeutscher Verlag für Hochschulschriften GmbH & Co. KG
Heinrich-Böcking-Str. 6-8, 66121 Saarbrücken, Germany
Phone +49 681 37 20 271-1, Fax +49 681 37 20 271-0
Email: info@editions-ue.com

Printed in the U.S.A.
Printed in the U.K. by (see last page)
ISBN: 978-613-1-55988-4

République Algérienne Démocratique et Populaire
Ministère de l'Enseignement Supérieur et de la Recherche Scientifique
Université Hassiba Ben Bouali -CHLEF-
Faculté des Sciences et Sciences de l' Ingénieur
Département d'Electrotechnique

PROJET DE FIN D'ETUDES
EN VUE DE L'OBTENTION DU DIPLOME De Master
EN ELECTROTECHNIQUE
OPTION : Informatique Industriel

Présenté par : M Kouidri Filali Hamza
M Abd El Kader Kheddaoui Med Amine

Etude et Réalisation
D'un Robot Mobile
commandé a distance sans file

Prisidant	Mostefa Bessedik	professeur ,recteur de l'Université Hassiba Ben Bouali
Encadreur	Saïdi Hamza	docteur , Université Hassiba Ben Bouali
examinateur	Bachir Belmadani	Professeur ,vice- recteur de l'Université Hassiba Ben Bouali
examinateur	Hadj Allouache	Docteur ,chef departement electrotechnique UHBB
examinateur	nachida kasbadji	directrice de recherche , centre UDES

Promotion 2011-2012

DEDICACES

Je dédie ce modeste travail :

- A ma grand-mère

  pour son amour, ses sacrifices et toute l'affection
  qu'elle m'a toujours offerte.

- A mes parents

  pour leur amour, leur patience et leurs considérables
  sacrifices pour me faire parvenir à ce niveau.

- A mon frères

  Youçef

- A ma sœurs

  Chaima

- A ma tante hayate, à son mari Samir et ses enfants, surtout

  Mohamed

- Mon binôme abdelkader keddaoui Med amine

- A toutes mes amies.

- A toutes la famille Kouidri Filali et Ramla.

- A tous ceux que j'aime.

- A tous ceux qui m'aiment.

Kouidri Filali Hamza

DEDICACES

Je dédie mon travail à :

✤ *Mes chères parents*
   qui m'ont aidé beaucoup et que le dieu les protégés pour moi.

✤ *Mes chères frères et sœurs*
   je les souhaite une bonne carrière.

✤ *Mes nièces.*

✤ *Mes cousins et cousines.*

✤ *Mon binôme Koudri Filali Hamza*

✤ *Mes amis intimes et mes collègues.*

✤ *A toutes la familles Kheddaoui*

A.E.K kheddaoui mohamed amine

Remerciements

Nous rendons grâce AU TOUT PUISSANT pour nous avoir accordé santé et courage jusqu'à l'aboutissement de ce modeste travail.

Nous tenant particulièrement à adresser mes plus vifs remerciements à :

- Nos parents pour tout ce qu'ils ont fait.
- Notre promoteur Mr. Saidi Hamza pour son orientation, pour son aide précieuse qu'il n'a pas cessé de me prodiguer au cours de la réalisation de ce projet.
- Messieurs le président et les membres du jury d'avoir accepté d'examiner et d'évaluer notre travail.
- Les étudiants qui nous ont aidé : mimoun abd rezzak.
- Tous les enseignants qui ont collaboré à notre formation depuis nos premier cycle d'étude jusqu'à la fin de nos cycle universitaire.
- Tous ceux qui ont contribué de prés ou de loin à la réalisation de ce travail.

Kouidri Filali HamzA
Aek khaddaoui Med Amine

Sommaire

Sommaire

Chapitre 3 : ETUDE REALISATION DU SYSTEME

Conclusion générale
Bibliographie
Annexe

liste des figures

Liste des figures

Introduction générale

Introduction générale

La robotique fait rêver et ce domaine en perpétuelle évolution, de nouvelles découvertes sont faits pour rendre ces machines plus agiles, plus rapides voir plus intelligentes. Leur utilisation se répond au quotidien, on nous promet un monde de robots pour demain, certains disent même une révolution robotique.

Avec l'évolution des technologies, les robots gagnent petit à petit des aptitudes et utiliser dans des milieux dangereux afin que l'utilisateur soit en sécurité comme par exemple le robot de démineur

Un des problèmes de la robotique mobile consiste a prendre conscience de l'environnement, mais pour ca le modèle mathématique est indispensable et ce n'est pas toujours évidant d'avoir le modèle de votre robot mobile et puis il y a aussi le temps que prend le robot a fin de calculé et prendre une discision.

Ce projet est réalisé au niveau du laboratoire de projet fin d'étude (PFE), au département d'Electrotechnique, faculté des sciences et sciences de l'ingénieur.

Notre projet consiste à la réalisation et la commande d'un robot mobile commandé à distance. Notre objectif est de faire en premier lieu la réalisation de la carte de commande et ensuite la réalisation d'une application (interface avec c++ builder) pour commande ce robot mobile et recevoir des images de la camera.

Notre projet s'étale sur trois chapitres Dans le premier, on a commencé par présenter les robots, et le robot mobile

Le deuxième chapitre, on parle transmission par onde radio

Dans le troisième chapitre, on a parlé de la Réalisation de la maquette matérielle et au support mécanique

Enfin, on a achevé notre travail par une conclusion générale.

Chapitre 1

Généralités

I.1 Définitions d'un robot :

Le Petit Larousse définit un robot comme étant un appareil automatique capable de manipuler des objets, ou d'exécuter des opérations selon un programme fixe ou modifiable.

En fait, l'image que chacun s'en fait est généralement vague, souvent un robot est défini comme un manipulateur automatique à cycles programmables.

Pour "mériter" le nom de robot, un système doit posséder une certaine flexibilité, caractérisée par les propriétés suivantes :

- La versatilité: Un robot doit avoir la capacité de pouvoir exécuter une variété de tâches, ou la même tâche de différente manière.

- L'auto-adaptativité : Un robot doit pouvoir s'adapter à un environnement changeant au cours de l'exécution de ses tâches.

L'Association Française de Normalisation (A.F.N.O.R.) définit un robot comme étant un système mécanique de type manipulateur commandé en position, reprogrammable, polyvalent à usages multiples), à plusieurs degrés de liberté, capable de manipuler des matériaux, des pièces, des outils et des dispositifs spécialisés, au cours de mouvements variables et programmés pour l'exécution d'une variété de tâches. Il a souvent l'apparence d'un, ou plusieurs, bras se terminant par un poignet. Son unité de commande utilise, notamment, un dispositif de mémoire et éventuellement de perception et d'adaptation à l'environnement et aux circonstances. Ces machines polyvalentes sont généralement étudiées pour effectuer la même fonction de façon cyclique et peuvent être adaptées à d'autres fonctions sans modification permanente du matériel. *[2]*

Historique :

1947 : Premier manipulateur électrique téléopéré.

1954 : Premier robot programmable.

1961 : Utilisation d'un robot industriel, commercialisé par la société UNIMATION (USA), sur une chaîne de montage de General Motors.

1961 : Premier robot avec contrôle en effort.

1963 : Utilisation de la vision pour commander un robot.

I.2 Constitution d'un robot :

On distingue classiquement 4 parties principales dans un robot manipulateur :

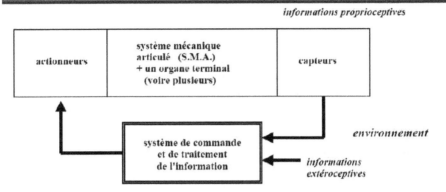

Figure I .1 parties principales dans un robot manipulateur

Sous le terme organe terminal, on regroupe tout dispositif destiné à manipuler des objets (dispositifs de serrage, dispositifs magnétiques, à dépression, …), ou à les transformer (outils, torche de soudage, pistolet de peinture, …). En d'autres termes, il s'agit d'une interface permettant au robot d'interagir avec son environnement.

Un organe terminal peut être multifonctionnel, au sens où il peut être équipé de plusieurs dispositifs ayant des fonctionnalités différentes. Il peut aussi être monofonctionnel, mais interchangeable. Un robot, enfin, peut-être multi-bras, chacun des bras portant un organe terminal différent. On utilisera indifféremment le terme organe terminal, préhenseur, outil ou effecteur pour nommer le dispositif d'interaction fixé à l'extrémité mobile de la structure mécanique.

Le système mécanique articulé (S.M.A.) est un mécanisme ayant une structure plus ou moins proche de celle du bras humain. Il permet de remplacer, ou de prolonger, son action (le terme "manipulateur" exclut implicitement les robots mobiles autonomes). Son rôle est d'amener l'organe terminal dans une situation (position et orientation) donnée, selon des caractéristiques de vitesse et d'accélération données. Son architecture est une chaîne cinématique de corps, généralement rigides, assemblés par des liaisons appelées articulations. Sa motorisation est réalisée par des actionneurs électriques, pneumatiques ou hydrauliques qui transmettent leurs mouvements aux articulations par des systèmes appropriés.

Précisons la notion d'articulation : Une articulation lie deux corps successifs en limitant le nombre de degré de liberté de l'un par rapport à l'autre. Soit m le nombre de degré de liberté résultant, encore appelé mobilité de l'articulation. La mobilité d'une articulation est telle que :

$$0 \leq m \leq 6.$$

Lorsque m = 1 ; ce qui est fréquemment le cas en robotique, l'articulation est dite simple : soit rotoïde, soit prismatique.

Articulation rotoïde : Il s'agit d'une articulation de type pivot, notée R, réduisant le mouvement entre deux corps à une rotation autour d'un axe qui leur est commun. La situation relative entre les deux corps est donnée par l'angle autour de cet axe (voir la figure suivante).

Figure I.2 symbole de l'articulation rotoide

Articulation prismatique : Il s'agit d'une articulation de type glissière, notée P, réduisant le mouvement entre deux corps à une translation le long d'un axe commun. La situation relative entre les deux corps est mesurée par la distance le long de cet axe (voir la figure suivante).

Figure I .3 symbole de l'articulation prismatique

Remarque : Une articulation complexe, avec une mobilité supérieure à 1, peut toujours se ramener à une combinaison d'articulations prismatique ou rotoïde. Par exemple, une rotule est obtenue avec trois articulations rotoïdes dont les axes sont concourants.

Pour être animé, le S.M.A. comporte des moteurs le plus souvent avec des transmissions (courroies crantées), l'ensemble constitue les actionneurs. Les actionneurs utilisent fréquemment des moteurs électriques à aimant permanent, à courant continu, à commande par l'induit (la tension n'est continue qu'en moyenne car en général l'alimentation est un hacheur de tension à fréquence élevée ; bien souvent la vitesse de régime élevée du moteur fait qu'il est suivi d'un réducteur, ce qui permet d'amplifier le couple moteur). On trouve de plus en plus de moteurs à commutation électronique (sans balais), ou, pour de petits robots, des moteurs pas à pas.

Pour les robots devant manipuler de très lourdes charges (par exemple, une pelle mécanique), les actionneurs sont le plus souvent hydrauliques, agissant en translation (vérin hydraulique) ou en rotation (moteur hydraulique).

Les actionneurs pneumatiques sont d'un usage général pour les manipulateurs à cycles (robots tout ou rien). Un manipulateur à cycles est un S.M.A. avec un nombre limité de degrés de liberté permettant une succession de mouvements contrôlés uniquement par des capteurs de fin de course réglables manuellement à la course désirée (asservissement en position difficile dû à la compressibilité de l'air).

La perception permet de gérer les relations entre le robot et son environnement. Les organes de perception sont des capteurs dits proprioceptifs lorsqu'ils mesurent l'état interne du robot (positions et vitesses des articulations) et extéroceptifs lorsqu'ils recueillent des informations sur l'environnement (détection de présence, de contact, mesure de distance, vision artificielle).

La partie commande synthétise les consignes des asservissements pilotant les actionneurs, à partir de la fonction de perception et des ordres de l'utilisateur.

S'ajoutent à cela :

- L'interface homme-machine à travers laquelle l'utilisateur programme les tâches que le robot doit exécuter,

- Le poste de travail, ou l'environnement dans lequel évolue le robot.

La robotique est une science pluridisciplinaire qui requiert, notamment, des connaissances en mécanique, automatique, électronique, électrotechnique, traitement du signal, communications, informatique.

I.3 Classification des robots :

On retiendra pour notre part 3 types de robot :

- Les manipulateurs :

     - Les trajectoires sont non quelconques dans l'espace,

     - Les positions sont discrètes avec 2 ou 3 valeurs par axe,

     - La commande est séquentielle.

- Les télémanipulateurs, appareils de manipulation à distance (pelle mécanique, pont roulant), apparus vers 1945 aux USA :

     - Les trajectoires peuvent être quelconques dans l'espace,

     - Les trajectoires sont définies de manière instantanée par l'opérateur, généralement à partir d'un pupitre de commande (joystick).*[2]*

I.4 Caractéristiques d'un robot :

Un robot doit être choisi en fonction de l'application qu'on lui réserve. Voici quelques paramètres à prendre, éventuellement, en compte :

- La charge maximum transportable (de quelques kilos à quelques tonnes), à déterminer dans les conditions les plus défavorables (en élongation maximum).

- L'architecture du S.M.A., le choix est guidé par la tâche à réaliser (quelle est la rigidité de la structure ?).

- Le volume de travail, défini comme l'ensemble des points atteignables par l'organe terminal. Tous les mouvements ne sont pas possibles en tout point du volume de travail. L'espace de travail, également appelé espace de travail maximal, est le volume de l'espace que le robot peut atteindre via au moins une orientation. L'espace de travail dextre est le volume de l'espace que le robot peut atteindre avec toutes les orientations possibles de l'effecteur (organe terminal). Cet espace de travail est un sous-ensemble de l'espace de travail maximal.

- Le positionnement absolu, correspondant à l'erreur entre un point souhaité (réel) – défini par une position et une orientation dans l'espace cartésien – et le point atteint et calculé via le modèle géométrique inverse du robot. Cette erreur est due au modèle utilisé, à la quantification de la mesure de position, à la flexibilité du système mécanique. En général, l'erreur de positionnement absolu, également appelée précision, est de l'ordre de 1 mm.

- La répétabilité, ce paramètre caractérise la capacité que le robot a à retourner vers un point (position, orientation) donné. La répétabilité correspond à l'erreur maximum de positionnement sur un point prédéfini dans le cas de trajectoires répétitives. En général, la répétabilité est de l'ordre de 0,1 mm.

- La vitesse de déplacement (vitesse maximum en élongation maximum), accélération.

- La masse du robot.

- Le coût du robot.

- La maintenance, …

I.5 Les générations de robot :

Des progressions s'opèrent dans tous les domaines :

 - Mécanique,

- Micro-informatique,

- Energétique,

- Capteurs – actionneurs.

A l'heure actuelle, on peut distinguer 3 générations de robots :

1. Le robot est passif : Il est capable d'exécuter une tâche qui peut être complexe, mais de manière répétitive, il ne doit pas y avoir de modifications intempestives de l'environnement.

L'auto-adaptativité est très faible. De nombreux robots sont encore de cette génération.

2. Le robot devient actif : Il devient capable d'avoir une image de son environnement, et donc de choisir le bon comportement (sachant que les différentes configurations ont été prévues). Le robot peut se calibrer tout seul.

3. Le robot devient « intelligent » : Le robot est capable d'établir des stratégies, ce qui fait appel à des capteurs sophistiqués, et souvent à l'intelligence artificielle. [2]

I.6 Programmation des robots :

Classiquement, 2 étapes sont utilisées pour faire en sorte qu'un robot connaisse la tâche à exécuter.

1. L'apprentissage :   elle est réalisée par l'un des points suivants

- Enregistrement dans une mémoire de la trajectoire à exécuter, sous contrôle d'un opérateur humain,

- Pantin : Structure mécanique identique à celle du robot, qui est déplacée et qui mémorise les points "pertinents",

- Syntaxeur : Un manche de pilotage (joystick) commande les déplacements de l'organe terminal,

- Boîte à boutons : Un interrupteur par actionneur.

2. La génération de trajectoires et les opérations à réaliser le long de ces trajectoires, ce qui permet de définir la tâche à réaliser : On fait appel à un logiciel qui, à partir du modèle du robot, et des trajectoires à réaliser, élabore la succession des commandes des actionneurs. Les langages de programmation les plus courants sont : WAVE, VAL (Unimate), LM (Hitachi).

I-7 Présentation des robots mobiles

De manière générale, on regroupe sous l'appellation robots mobiles l'ensemble des robots à base mobile, par opposition notamment aux robots manipulateurs. L'usage veut néanmoins que l'on désigne le plus souvent par ce terme les robots mobiles à roues.

Les autres robots mobiles sont en effet le plus souvent désignés par leur type de locomotion, qu'ils soient marcheurs, sous-marins ou aériens. On peut estimer que les robots mobiles a roues constituent le gros des robots mobiles.

Historiquement, leur étude est venue assez tôt, suivant celle des robots manipulateurs, au milieu des années 70. Leur faible complexité en a fait de bons premiers sujets d'étude pour les roboticiens intéressés par les systèmes autonomes. Cependant, malgré leur simplicité apparente (mécanismes plans, à actionneurs linéaires), ces systèmes ont soulevé un grand nombre de problèmes difficiles. Nombre de ceux-ci ne sont d'ailleurs toujours pas résolus. Ainsi, alors que les robots manipulateurs se sont aujourd'hui généralisés dans l'industrie, rares sont les applications industrielles qui utilisent des robots mobiles.

Si l'on a vu depuis peu apparaitre quelques produits manufacturiers (chariots guidés) ou grand public (aspirateur), l'industrialisation de ces systèmes bute sur divers problèmes délicats.

Ceux-ci viennent essentiellement du fait que, contrairement aux robots manipulateurs prévus pour travailler exclusivement dans des espaces connus et de manière répétitive, les robots mobiles sont destinés `a évoluer dans des environnements peu ou pas structurés.

Dans ce chapitre, on se limitera volontairement a une présentation des robots mobiles a roues et des problèmes associés a leur déplacement autonome.

On pourra néanmoins jeter un oeil curieux aux robots mobiles qui se moquent définitivement de ce que le sol soit plat ou non. On notera a cette occasion que tout engin mobile autonome peut se voir affublé du qualificatif de robot par les roboticiens, qu'il marche, rampe, vole ou nage
(figure I.4)

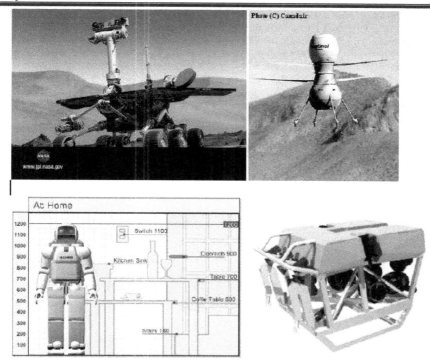

Figure I.4 Des robots mobiles

I-8 choix de la structure d'un robot mobile

On distingue sans trop d'ambiguïté un certain nombre de problèmes en robotique mobile.

Bien évidemment, l'aspect matériel, qui consiste a choisir et dimensionner aussi bien la structure mécanique du système que sa motorisation, son alimentation et l'architecture informatique de son système de contrôle-commande apparait comme le premier point a traiter.

Le choix de la structure est souvent effectué parmi un panel de solutions connues et pour lesquelles on a déjà résolu les problèmes de modélisation, planification et commande.

Le choix des actionneurs et de leur alimentation est généralement assez traditionnel. La plupart des robots mobiles sont ainsi actionnés par des moteurs électriques a courant continu avec ou sans collecteur, aliment´es par des convertisseurs de puissance fonctionnant sur batterie. De la même façon, les architectures de contrôle-commande des robots mobiles ne sont pas différentes de celles des systèmes automatiques ou robotiques plus classiques. On y distingue cependant, dans le cas général, deux niveaux de spécialisation, propres aux systèmes autonomes :

Une couche décisionnelle, qui a en charge la planification et la gestion (séquentielle, temporelle) des évènements et une couche fonctionnelle, chargée de la génération en temps réel des commandes des actionneurs. Bien évidemment, l'architecture du robot dépend fortement de l'offre et des choix technologiques du moment.

Même si le novice en robotique croit parfois que tout l'Art de la discipline consiste a fabriquer le robot le plus beau et le plus rapide, force est de constater que cette étape, certes nécessaire, n'est pas au centre des préoccupations de la robotique mobile.

Les problèmes spécifiques a la robotique mobile n'apparaissent finalement que lorsque l'on dispose d'une structure mobile dont on sait actionner les roues. Tous les efforts du roboticien vont alors consister `a mettre en place les outils permettant de faire évoluer le robot dans son environnement de manière satisfaisante, qu'il s'agisse de suivre un chemin connu ou au contraire d'aller d'un point `a un autre en réagissant a une modification de l'environnement ou a la présence d'un obstacle.

On note $\mathcal{R} = (O, \vec{x}, \vec{y}, \vec{z})$ un repère fixe quelconque, dont l'axe z est vertical et $\mathcal{R}' = (O', \vec{x'}, \vec{y'}, \vec{z'})$ un repère mobile lié au robot. On choisit généralement pour O' un point remarquable de la plate-forme, typiquement le centre de l'axe des roues motrices s'il existe, comme illustré a la figure I.5 [1]

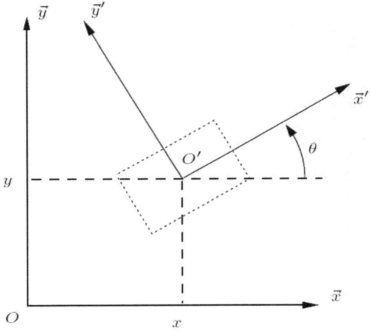

Figure I.5 Repérage d'un robot mobile

I-9 Les grandes classes de robots mobiles et leurs modèles :
I-9.1 Disposition des roues et centre instantané de rotation

C'est la combinaison du choix des roues et de leur disposition qui confère a un robot son mode de locomotion propre. Sur les robots mobiles, on rencontre principalement trois types de roues :
– les roues fixes dont l'axe de rotation, de direction constante, passe par le centre de la roue
– les roues centrées orientables, dont l'axe d'orientation passe par le centre de la roue
– les roues décentrées orientables, souvent appelées roues folles, pour lesquelles l'axe d'orientation ne passe pas par le centre de la roue.

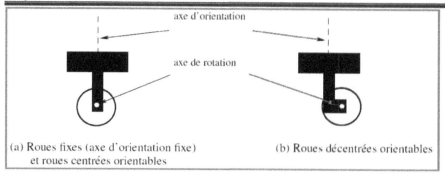

Figure I .6Les principaux types de roues des robots mobiles

Bien évidemment, pour un ensemble de roues donné, toute disposition ne conduit pas a une solution viable. Un mauvais choix peut limiter la mobilité du robot ou occasionner d'éventuels blocages. Par exemple, un robot équipé de deux roues fixes non parallèles ne pourrait pas aller en ligne droite ! Pour qu'une disposition de roues soit viable et n'entraine pas de glissement des roues sur le sol, il faut qu'il existe pour toutes ces roues un unique point de vitesse nulle autour duquel tourne le robot de façon instantanée.

Ce point, lorsqu'il existe, est appelé centre instantané de rotation (CIR). Les points de vitesse nulle liés aux roues se trouvant sur leur axe de rotation, il est donc n´ecessaire que le point d'intersection des axes de rotation des différentes roues soit unique. Pour cette raison, il existe en pratique trois principales catégories de robots mobiles a roues, que l'on va présenter maintenant.

I-9.2 Robots mobiles de type unicycle :

Description :

On désigne par unicycle un robot actionné par deux roues indépendantes et possédant éventuellement un certain nombre de roues folles assurant sa stabilité.

Le schéma des robots de type unicycle est donné a la figure qui suit. On y a omis les roues folles, qui n'interviennent pas dans la cinématique, dans la mesure ou elles ont été judicieusement placées.

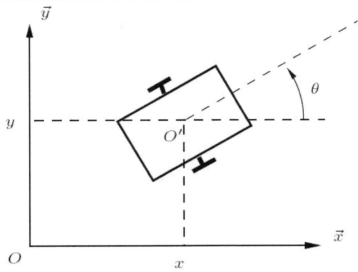

Figure I.7 Robot mobile de type unicycle

Ce type de robot est très répandu en raison de sa simplicité de construction et de propriétés cinématiques intéressantes. La figure suivante présente différents robots de type unicycle, depuis Hilare, en 1977, jusqu'aux modèles actuels, qui, a l'instar du robot Khepera, tendent parfois vers l'extrême miniaturisation. *[1]*

Hilare, LAAS-CNRS, Toulouse, 1977 [Giralt 84]

Pioneer P3-DX, ActiveMedia Robotics, 2004 [ActivMedia 04]

Khepera II, K-team, EPFL, Lausanne, 2002 [K-team 02]

Figure I.8 Evolution des robots mobiles de type unicycle

I-9.3 Robots mobiles de type tricycle et de type voiture :

Ces robots partagent des propriétés cinématiques proches, raison pour laquelle on les regroupe ici.

Description :

Considérons tout d'abord le cas du tricycle, représenté dans (Figure II.5)

Ce robot est constitué de deux roues fixes de meme axe et d'une roue centrée orientable placée sur l'axe longitudinal du robot. Le mouvement est conféré au robot par deux actions : la vitesse longitudinale et l'orientation de la roue orientable. De ce point de vue, il est donc très proche d'une voiture. C'est d'ailleurs pour cela que l'on étudie le tricycle, l'intéret pratique de ce type de robot (peu stable !) restant limité. *[1]*

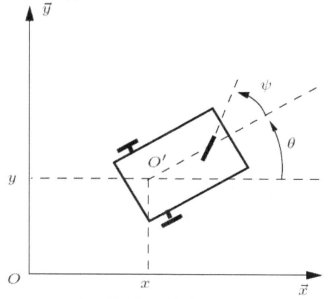

Figure I.9 Robot mobile de type tricycle

Le cas du robot de type voiture est très similaire a celui du tricycle. La différence se situe au niveau du train avant, qui comporte deux roues au lieu d'une. Cela va de soit, on rencontre beaucoup plus souvent ce type de systèmes. On parle de robot dès lors que la voiture considérée est autonome donc sans chauffeur ni télé pilotage. Il s'agit la d'un des grands défis issus de la robotique mobile. Deux réalisations sont montrées a la figure suivante basées sur des voitures de série instrumentées. *[1]*

Figure I.10 Projets de voitures autonomes à l'université de Carnegie Mellon

I-10 Localisation en robotique mobile :

La problématique de la localisation et l'intérêt de la connaissance de la position et de l'orientation du robot par rapport à son environnement y sont présentés. Les différentes approches de localisation ainsi que les capteurs associés sont énoncés. La localisation en environnement intérieur est ensuite abordée. Le cas particulier de la localisation basée sur un modèle grâce à la vision est introduit.

I-10.1 Localisation en robotique mobile (techniques) :

Quelque soit le domaine d'application pour lequel il est destiné, un robot mobile, pour être utilisable, doit comporter un système permettant un certain niveau d'autonomie dans la localisation et la navigation. Pour schématiser, il doit être capable de répondre à trois types de questions : « où suis-je ? », « où vais-je ? » et « comment y aller ? ». La première question soulève le problème de la localisation. Les deux autres sont liées à la planification de trajectoire et à la navigation proprement dite. La bonne exécution des deux dernières tâches est fortement Cette étude se restreint aux robots mobiles naviguant sur un plan (2-D), ce qui englobe une très liée à la première. Large partie des systèmes existants. Localiser le robot revient alors à déterminer trois paramètres : deux coordonnées cartésiennes pour la position et un angle pour l'orientation. De façon plus formelle, la tâche de localisation consiste à calculer la transformation de passage d'un repère lié au robot à un repère lié à l'environnement (figure I.11).

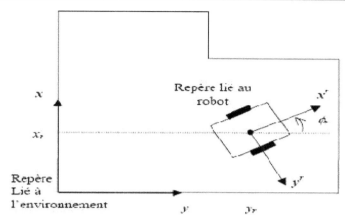

Figure I.11 localisation d'un robot mobile

Plusieurs techniques et méthodes ont été développées pour assurer la connaissance exacte et de façon autonome de la position d'un robot mobile dans son environnement. A ce jour, ces techniques peuvent être regroupées en deux catégories principales : les méthodes de localisation relatives et les méthodes de localisation absolue. *[3]*

I-10.1.1 Localisation relative :

La position du robot est calculée en incrémentant sa position précédente de la variation mesurée grâce à des capteurs proprioceptifs. Les deux principales méthodes de localisation relative sont la localisation grâce à l'odométrie et la localisation inertielle. *[3]*

I-10.1.1.1 Odomètre :

C'est l'un des systèmes les plus utilisés en robotique mobile car il présente beaucoup d'avantages comme le coût financier, un très haut niveau d'échantillonnage de la mesure, une très bonne précision à court terme et une très grande facilité de mise en œuvre, L'idée fondamentale de ce système est l'intégration de l'incrément de la position, calculé grâce à des encodeurs montés sur les roues, par rapport au temps. *[3]*

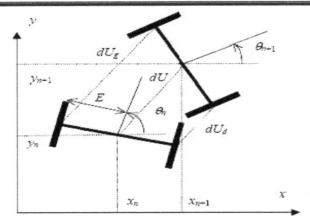

Figure I.12 calcul de la position grâce à l'odométrie.

Les déplacements dUg et dUd des roues droite (Figure I.12) et gauche permettent de calculer la variation de l'orientation ainsi que la variation de la position dU entre l'état n et l'état $n+1$. Il en résulte malheureusement une accumulation non bornée de l'erreur. L'erreur en orientation induit d'importantes erreurs en position et les deux erreurs croissent en

fonction de la distance parcourue. Les erreurs peuvent être regroupées en deux catégories selon leur source. Les erreurs systématiques résultent des imperfections du modèle géométrique du robot (diamètres des roues différents, incertitude sur les dimensions des axes de la base,…). Les erreurs non systématiques résultent de l'interaction entre le robot et son environnement telle que les glissements ou les chocs qui ne sont pas pris en compte dans la mesure du mouvement effectué.

I-10.1.1.2 Localisation inertielle :

Cette technique utilise des accéléromètres pour calculer l'accélération subie par la base mobile et des gyroscopes pour calculer la variation de sa rotation. L'intégration de cette mesure (ou la double intégration dans le cas de l'accéléromètre) permet de calculer la variation de la position. Les capteurs utilisés dans ce type de localisation présentent l'avantage d'être « auto-suffisants » puisqu'ils ne nécessitent aucune référence externe.

Cependant, une erreur même minime est amplifiée par l'intégration. De plus, le rapport signal/bruit n'est pas très élevé. Dans le cas des accéléromètres, l'environnement de travail doit être parfaitement horizontal sous peine de détecter une composante de la gravitation terrestre comme étant due à un déplacement du robot. *[3]*

I-10-1-2. Localisation absolue :

La position est calculée par rapport à des repères fixes grâce à des capteurs extéroceptifs. Ceci requiert souvent la connaissance de l'environnement. Les différentes techniques peuvent être distinguées par la nature des repères utilisés ou par la méthode de calcul. Selon la nature des repères utilisés, les approches les plus connues sont la localisation grâce aux compas magnétiques, la localisation grâce à des repères actifs, la localisation grâce à des repères passifs et la localisation basée sur le modèle. Selon les techniques de calcul utilisées on distingue, entre autres, les méthodes basées sur la trilatération (ou multilatération), les méthodes basées sur la triangulation. *[3]*

I-10.2 Types de repères utilisés :

I-10.2.1 Localisation par compas magnétique :

Un compas magnétique permet de déterminer une orientation absolue en mesurant la composante horizontale du champ magnétique terrestre. Le repère par rapport auquel on se positionne est dans ce cas lié à la terre. L'inconvénient principal est le fait que ce champ soit altéré au voisinage de lignes à haute tension ou par les grandes structures métalliques. Un exemple d'application est présenté dans.

I-10.2.2 Localisation par balises actives :

Des balises sont disposées à des emplacements connus de l'environnement de travail. Elles sont facilement détectées par le robot et avec un faible coût calculatoire. La base mobile à localiser est dotée d'un émetteur et les balises de récepteurs ou inversement.

L'avantage d'un tel système est le taux d'échantillonnage élevé. Les inconvénients sont la difficulté à disposer les balises avec précision et le coût d'installation et de maintenance. Le calcul de la position et de l'orientation est basé sur la trilatération ou la triangulation.

I-10.2.3 Localisation grâce à des repères passifs :

On distingue deux types de repères passifs, les balises passives et les amers.

Contrairement aux balises actives, les balises passives se contentent de réfléchir un signal Contrairement aux balises actives, les balises passives se contentent de réfléchir un signal provenant de l'équipement de mesure. Il peut s'agir par exemple de miroirs ou de catadioptre. Ces balises peuvent également comporter des informations plus évoluées (code-barres). Elles doivent avoir une position connue dans l'environnement et doivent être facilement identifiables grâce à un contraste suffisant par rapport au « fond ». On appelle amers des éléments distincts de l'environnement que le robot peut reconnaître aisément grâce à ses capteurs extéroceptifs. Ces amers peuvent être par exemple des formes géométriques (rectangles, lignes, cercles). Ce sont des éléments déjà existant dans l'environnement et qui ont une fonction autre que celle de localiser le robot. Ils présentent l'avantage de ne pas modifier l'environnement de travail ce qui est important dans une application comme l'assistance à des personnes dans un appartement par exemple. Cependant, leur détection et leur identification peuvent être plus difficiles et les risques

Cependant, leur détection et leur identification peuvent être plus difficiles et les risques d'ambiguïté ou de fausses détections plus élevés. Le plus souvent, le capteur utilisé est visuel. L'avantage de ce type de repère par rapport aux balises actives est le faible coût. Leurs inconvénients sont la portée réduite et la difficulté d'identification.

I-10.2.4 Localisation basée sur un modèle :

Dans cette technique, un plan ou modèle de l'espace de travail du robot est stocké en mémoire. A un instant donné, le robot perçoit et construit grâce à ces capteurs un plan local de son environnement. Le système effectue alors une mise en correspondance entre le plan local et la partie correspondante dans le modèle global. Si une telle mise en correspondance est trouvée, alors la position et l'orientation du robot peuvent être calculées. Il existe plusieurs façons de représenter l'environnement. Dans deux grandes représentations sont distinguées. Il s'agit des grilles d'occupation et des cartes topologiques. Cependant cette distinction ne fait pas apparaître les modèles à primitives géométriques. On peut donc regrouper les façons de représenter L'environnement en deux grandes familles :

Les représentations métriques avec un ensemble de primitives géométriques ou avec des grilles d'occupation composées de cellules et les représentations topologiques (non métriques). Le modèle peut être préétabli et stocké en mémoire dans certains cas. Dans d'autres cas il peut être inexistant au départ. C'est le robot qui le construit grâce à ses capteurs par exploration (SLAM ou localisation et modélisation simultanée). [3]

I-11. Navigation autonome d'un robot mobile en environnement naturel :

I-11.1 Définitions :

Un mouvement est une application définie en fonction du temps t, reliant un point initial à l'instant t_0 à un point final à l'instant t_f . Une trajectoire est le support d'un mouvement. Il s'agit donc d'une courbe paramétrée par une variable s quelconque, par exemple l'abscisse curviligne normalisée ($s \in [0 , 1]$) de la courbe sur laquelle se déplace le robot. L'évolution du paramètre s en fonction du temps t est appelée mouvement sur la trajectoire. Attention aux faux amis que l'on trouve en anglais : dans la langue de Shakespeare, path est utilisé pour désigner chemin ou trajectoire et trajectory ou motion signifient le plus communément mouvement !

I-11.2 Principe général :

Réaliser une tâche telle que se déplacer vers le point de coordonnées (x , y), aussi simple puisse-t- elle paraître à un humain, requiert la mise en oeuvre de fonctionnalités potentiellement complexes de perception/décision/action (figure I.13). Le rôle de ces fonctionnalités est le suivant :

_ Perception : Il s'agit essentiellement de détecter les obstacles et d'effectuer éventuellement une modélisation de l'environnement (3D dans notre cadre d'environnements naturels) pour fournir et mettre en forme les informations nécessaires à la décision sur le déplacement à réaliser.

_ Décision : L'environnement étant perçu, et éventuellement modélisé, il faut décider le type de mouvement à effectuer en générant des consignes de vitesses appropriées à envoyer au robot (pour un mouvement réactif par exemple) ou en choisissant une trajectoire à exécuter.

_ Action : Il s'agit alors de veiller à réaliser le mouvement ou la trajectoire décidé, suivre les consignes de vitesses reçues en appliquant par exemple le type de commande adapté.

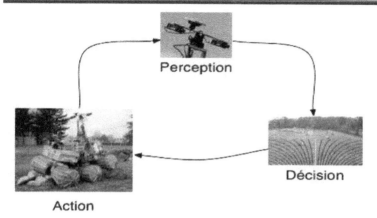

Figure I.13 Le cycle perception/décision/action que doit réaliser un robot autonome pour réaliser une navigation

I-11.3 Difficultés rencontrées :

Les difficultés sont nombreuses. Outre celles inhérentes à l'autonomie d'un robot mobile en général, celles liées au contexte d'environnements naturels (par opposition aux environnements structurés) sont principalement le manque d'information a priori sur les terrains traversés (les informations initiales, si disponibles, sont généralement très imprécises) et l'impossibilité d'effectuer des hypothèses sur une structure de l'environnement (présence de murs, de portes etc. .).

Les auteurs de précisent ainsi que les environnements extérieurs et intérieurs diffèrent sensiblement dans la stratégie de détection d'obstacles qu'il convient d'adopter : en intérieur, en l'absence d'une perception signifiant le contraire on peut considérer l'espace comme libre d'obstacles, alors qu'en extérieur l'absence d'information amènera à considérer

par défaut la zone comme non franchissable (obstacle), et ce jusqu'à preuve du contraire. Une autre difficulté majeure réside dans la grande variété des situations que le robot peut rencontrer : on peut rencontrer des terrains plus ou moins accidentés, et de natures aussi différentes que des dunes de sables, un sol enneigé ou même glacé, boueux ou constitué de terre sèche etc. . . (figure II.9).

(a) Dunes de sable   (b) Terrain accident

(c) Fido dans le désert de l'Atacama (Chili)   (d) Nomad en Antarctique

Figure I.14 Exemples d'environnements naturels variés

La diversité des situations possibles demande la mise en œuvre de fonctionnalités adaptées, et le besoin de multiplier ces possibilités. En effet, nous pensons que l'on ne peut raisonnablement pas espérer obtenir des résultats pleinement satisfaisants dans toutes les situations avec une seule réalisation des capacités de perception / décision / action.

Pour garantir l'autonomie du Rover il faut donc un système permettant au robot de choisir la fonctionnalité la mieux adaptée à la situation actuelle.

Pour des questions de lisibilité, nous séparons ici ces fonctionnalités en deux catégories : les fonctionnalités   dites de navigation (concernant essentiellement la perception et la décision) et celles   dites de locomotion   (action : exécution du mouvement). Ainsi, nous présentons tout d'abord

des systèmes de locomotion présentant des caractéristiques et utilités différentes avec des exemples de plates-formes, puis nous verrons quelques exemples de fonctionnalités de navigation en extérieur. [3]

Conclusion :

Nous avons entamé dans notre chapitre a la robotique et a la robotique mobile et leurs classification et leurs caractéristique d'une part, et d'un autre part on a parlé de ces modèles ainsi de ces méthodes de localisation, mes on n'a pas prendre aucune méthode de localisation car notre commande est visuelle grâce a notre caméra donc on na pas besoin né des repaire pour calculer la position né des capteurs proprioceptives ou extéroceptives.

Chapitre 2

EMETTEUR-RECEPTEUR RADIO

II -1 Généralité

Les ondes radio restent un véhicule privilégié pour tous types de télécommande à courte, moyenne ou longue distance.

Tous les systèmes de radiocommunication repensent sur la propriété qu'on les courants alternatifs de haut fréquence, de créer un champ électromagnétique capable de se propager à distance. L'importance de ce phénomène de propagation dépend largement des caractéristiques de l'antenne d'émission pièce conductrice mise en jeu. Côté réception, une antenne similaire est capable de convertir le champ reçu en une tension HF qu'il est alors possible d'amplifier et de traiter par des moyens électroniques appropriés.

La simple présence ou absence de champ émis permet déjà de transmettre des informations signaux « morse » ou ordres de télécommande « tout ou rien ». la transmission, dite à la « porteuse pure » risque cependant d'être perturbée par n'importe quel autre émetteur fonctionnant sur la même fréquence, dans le voisinage ou même à grande distance.

Pour augmenter la sécurité de transmission, il faut introduire une forme ou une outre de codage. Raccordé à un montage émetteur le générateur codé utilisé va pouvoir « hacher » la fréquence « porteuse » au rythme du train d'impulsions qu'il produit. Côté réception des circuits appropriés pourront facilement reconstituer le signale et le code programmé l'ordre de télécommande aboutira.

Il s'agit déjà d'une forme de modulation, certes rustique de la porteuse : le message a transmettre agit sur l'amplitude de l'onde émise. On peut alors aussi faire appel à la modulation de fréquence : la fréquence de l'ordre émise est commutée entre deux valeurs distinctes selon l'état de la sortie du codeur, l'amplitude restant à peu prés constante.

Si le rôle de l'émetteur consiste à produire la puissance suffisante pour faire passe son message, celui du récepteur est tout en finesse : il lui faut isoler,de la multitude de signaux forts ou faibles captés par l'antenne

II-2 transmission analogique :

II-2.1 modulation analogiques :

On dispose d'information analogique ou numérique à transmettre dans un canal de transmission. Ce dernier désigne le support, matériel ou non, qui sera utilisé pour véhiculer l'information de la source vers le destinateur. La figure II.1 résume l'énoncé du problème posé. Les informations issues de la source peuvent être, soit analogique soit numériques. Il peut s'agir par exemple d'un signal audio analogique d'un signal vidéo analogique ou des mêmes signaux numérisées.

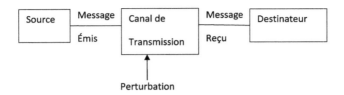

Figure II.1 transmission de l'information dans un canal.

Dans ce cas ce sont des séquences de caractères discrets issus d'un alphabet fini de N caractère il peut donc s'agir d'une suite de 0 et de 1 par exemple. Dans ce chapitre on s'intéresse uniquement au cas des signaux analogiques .Le chapitre3 sera consacré au modulation numériques.

II-2.1.1 Bande De Base :

On parle de signal en bande de base pour désigner les messages émis. La bande occupée est alors compris entre la fréquence 0 ou une valeur proche de 0 et une fréquence maximale F_{max}.

II-2.1.2 La largeur de bande du signal :

La largeur de bande du signal en bande de base est l'étendue de fréquence lesquelles le signal a une puissance supérieure à une certaine limite. Cette limite F_{max} est en général fixé à -3dB, ce qui correspond à la moitié de la puissance maximale. La largeur de bande est exprimée en Hz, KHz ou MHz.

II-2.1.3 Spectre d'un signal :

On parle de spectre d'un signal pour désigner la réparation fréquentielle de sa puissance. On parle aussi de densité spectrale de puissance DSP qui est le carré du module de la transformée de fourrier de se signal.

$$DSP = \mid F\ (f)\mid^{2}$$

II-2.1.4 Bande passante du canal :

Le canal de transmission peut être par exemple, une ligne bifilaire torsadée

Un câble coaxial, un guide d'onde, une fibre optique ou l'air touts simplement. Il est évident qu'aucun de ces supports n'est caractérisé avec la même bande passante.

La bande passante du canal ne doit pas être confondue avec l'occupation spectrale du signal en bande de base.

II-2.1.5 But de la modulation :

Le but de la modulation est d'adapter le signal à transmettre au canal de Communication entre la source et le destinataire. On introduit donc deux opérations supplémentaires à celle de la *figure* (II.1) entre la source et le canal, une première opération appelée modulation et entre le canal et le destinataire, une seconde opération appelée démodulation. La chaîne de transmission globale est alors celle de la *figure II.2*.

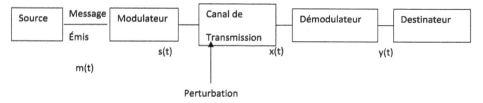

Figure II.2 chaîne globale de transmission

L'objectif de la transmission est de faire parvenir le message émis m (t) au destinataire.

Dans le cas idéal on a : y (t) = m (t).

Dans le pratique ce n'est pas le cas et y (t) est différent de m (t).

La différence réside principalement dans la présence de bruit dû aux perturbations affectant le canal de la transmission et dans les imperfections des procéder de modulation et démodulation.

II-2.1.6 type de modulation :

Il existe 2 types de modulation principalement utilisées pour les radiocommandes:
- L'amplitude ou AM (Amplitude Modulation) figure II.3.
- La fréquence ou FM (Frequency Modulation) figure II.4.

Figure II.3 *Modulation d'amplitude*

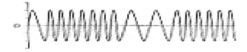

Figure II.4 Modulation de fréquence

II-2.1.7 pourquoi modulé un signale

L'onde du signal (elle est égale à 1/2 ou 1/4 où l est la longueur d'onde dans le vide de la porteuse émise). Un signal H.F. est facilement transmissible et nécessite des antennes de 3m au maximum. Si nous émettions des ondes B.F, 10 Hz par exemple il nous faudrait une antenne de 15 km.De plus le signal serait rapidement atténué. On utilise également la modulation pour être capable d'émettre plusieurs informations simultanément car si deux stations émettaient sur la même La dimension des antennes émettrices et réceptrices dépend de la longueur fréquence ou à des fréquences voisines, il serait impossible de distinguer ces deux signaux.

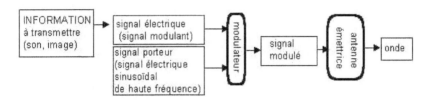

Figure II.5 modulation d'un signal

Le signal modulant est un signal alternatif complexe. Tout signal périodique pouvant être reconstitué par superposition de signaux sinusoïdaux de fréquences multiples du sien.

II-2.1.8 Différences entre la modulation AM et FM

II-2.1.8.1 La modulation d'amplitude AM (amplitude modulation)

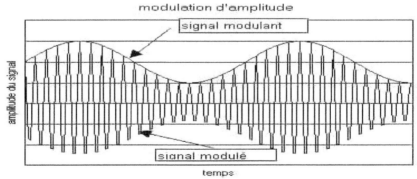

Figure II.6 modulation d'amplitude AM

Un signal modulé en amplitude est variable, tel que l'enveloppe du signal modulé reproduise les variations du signal modulant. la différence entre les fréquences modulé f_m et la fréquence du porteuse f_p est en réalité beaucoup plus grande; le signal modulé est présenté superposable à l'enveloppe, mais ce n'est pas le cas en général: l'enveloppe reproduit simplement la forme du signal.

II-2.1.8.2 La modulation de fréquence FM (Frequency Modulation)

L'amplitude d'un signal modulé en amplitude est souvent modifiée par les parasites dus essentiellement aux interférences avec les autres stations émettrices. On a cherché alors à moduler la fréquence du signal en laissant son amplitude constante : c'est la modulation de fréquence. La modulation de fréquence présente un autre avantage : sa puissance d'émission reste constante. La modulation de fréquence a pour avantages : une meilleure fidélité, une sélectivité accrue et elle est insensible aux parasites.

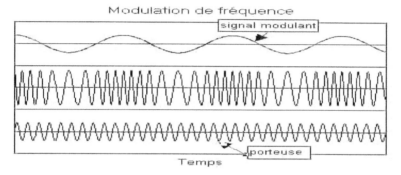

Figure II.7 modulation de fréquence FM

Le signal modulé en fréquence garde une amplitude constante, mais sa fréquence varie légèrement au cours du temps autour de la valeur f_p (fréquence de la porteuse). Les variations de fréquence reproduisent le signal modulant. La fréquence du signal modulé n'est pas constante. Ses valeurs restent proches de la fréquence de la porteuse, mais elle varie au cours du temps en fonction du signal modulant.

II-3 Transmission numérique :

II-3.1 introduction :

Dans un nombre croissant de situations, il est nécessaire de transmettre des signaux numériques, en général sous la forme d'une séquence binaire.

Les signaux numériques présentent en effet plusieurs propriétés intéressantes pour les télécommunications : souplesse des traitements, signal à états discrets donc moins sensibles aux bruits (il suffit de seuiller le signal) et simple à régénérer, utilisation de codes correcteurs d'erreur, cryptage de l'information. En revanche, nous verrons ultérieurement qu'à quantité d'informations transmise identique, un signal numérique nécessite une bande de fréquence nettement plus importante.

On se propose dans ce chapitre d'examiner le cas de transmission, autour d'une fréquence porteuse, de signaux numériques.

Comme dans le cas d'une transmission analogique on dispose d'une porteuse :

$$n(t) = A \cos (\omega t + \varphi)$$

$$\omega = 2\Pi f$$

Les trois paramètres de cette porteuse sont l'amplitude A, la fréquence f et la phase φ. On aura donc trois types de modulation possible : modulation de fréquence, modulation de phase et modulation d'amplitude.

II-3.2 Définitions :

Le schéma de principe d'une chaîne de transmission numérique est représenté sur la figure III.8 ce schémas synoptique diffère quelque peut de celui que l'on a l'habitude de rencontrer pour les modulations analogique .le cas du signal numérique est un cas bien particulier et pour cette raison il est traite de manière différente.

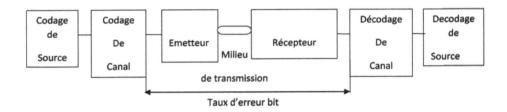

Figure II.8 principe d'une chaîne de transmission numérique

II-3.3 Définition du signal numérique

Dans de nombreux cas, on ne souhaite pas ou on ne peut pas transmettre directement un signal analogique. On transmet alors après numérisation par exemple, le code binaire d'une grandeur. Les valeurs résultantes seront transmises en série et se présenteront alors comme une suite de 0 et 1.

la figure II.7 représente un signal numérique dit NRZ pour Non Retour à Zéro.

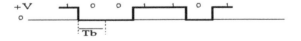

Figure II.9 Représentation temporelle du signal NRZ

T_b est le temps pendant lequel un bit est transmis,

D est le débit binaire et vaut :

$$D = 1/T_b$$

T_b est exprime en seconde, D est exprime en bit par seconde ou baud.

À partir du schéma synoptique de figure (II.8), on peut préciser le rôle de chacun des sous-ensembles .le codeur de source a pour rôle la suppression de certains éléments binaires assez peu significatifs .le décodeur de source réalise l'opération inverse.

Les systèmes de compression- décompression tels que l'on peut les rencontrer pour les signaux audio ou vidéo numérique font partie du codage de source.

Le codage de canal est souvent appelé code correcteur d'erreur. Le rôle de sous-ensemble est d'ajouter des les informations supplémentaires au message en provenance de la source.

Ces informations seront exploitées après réception et permettront l'analyse du message Celui ci pourra être déclare sans erreur ou non.

Dans le cas d'une réception erronée, la fonction décodage de canal est, dans une certaine mesure, capable de corriger les erreurs.

Le train numérique est finalement envoyé à l'émetteur qui est en fait le modulateur .Ce signal module une fréquence porteuse qui est transmise jusqu'au récepteur. Le rôle du récepteur se limite à démodule la signal reçu et à envoyer au décodeur de canal un signal numérique éventuellement entaché d'erreurs.

II-3.4 Transmission d'une suite d'éléments binaires :

Nyquist en 1928, a prouvé que, théoriquement, un canal dont la bande passante est égale à N/2 Hz peut véhiculer N éléments du signal par seconde. Pourtant le signal binaire sera considérablement arrondi à la sortie du canal.

II-3.5 Modulation d'amplitude OOK (on off Keying) ou ASK (Amplitude Shift Keying):

C'est une modulation en tout ou rien car l'indice de modulation est à 100%. C'est la technique la plus simple et la plus naturelle pour moduler une porteuse sinusoïdale $E_0(t) = E*\cos w_0 t$ par un signal numérique.

La caractéristique sur laquelle porte la variation est l'amplitude du signal. C'est une modulation équivalente à la modulation AM en alogique.

Ce type de modulation est très sensible au bruit.En effet, un bruit survenant au moment de la transmission de « 0 » peut être interprété comme « 1 » et vice versa au moment de réception.

Dans le cas le plus simple, on commute ainsi sur des amplitudes de l'onde porteuse selon que l'on désire transmettre un « 0 » ou un « 1 ».

La porteuse est simplement multipliée par le signal numérique x_{n0}

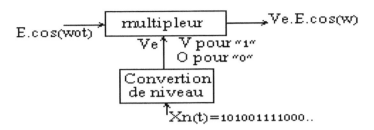

Modulation ASK

Figure II.10 modulation ASK

Le signal modulé ASK à l'allure de la figure suivante.

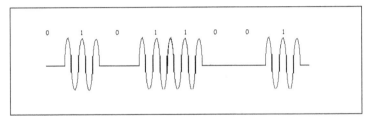

Figure II.11 l'allure d'un signal modulé en ASK

En modulation d'amplitude le spectre de signal modulé est symétrique par rapport à la raie de la porteuse et les deux bandes latérales ont la même forme que le signal B.

Dans ce cas, il s'agie tout simplement de la transposition du spectre du signal en bande de base autour de la fréquence centrale.

Si le spectre est limite aux valeurs $f-1/T_b$ et $f+1/T_b$ l'occupation autour de la porteuse vaut :

$$B=1/2T_b$$

Le débit binaire D vaut $D=1/T_b$ et on a donc l'efficacité spectrale :

$$\eta = D/B = 1/T_b * 2T_b = 2$$

Une limitation entre les fréquences $f-2/T_b$ et $f+2/T_b$ conduit évidemment à une efficacité réduite de moite, $\eta =1$. Cette valeur de η est telle que ce type de modulation est classé dans les modulations peu efficaces.

Ce procédé de modulation est souvent appelé ASK (amplitude shift keying) ou plus rarement OOK (on off keying).

II-3.5.1 Avantages et inconvénients de l'ASK :

Le seul atout de la modulation ASK est sa simplicité et par conséquent son faible coût. En revanche, les performances en termes d'efficacité spectrale et taux d'erreurs sont moins importantes que celles des autres modulations numériques.

Il existe pourtant de nombreux types de modulation, ou seul ce type de modulation est ou devra être employé.

Si le critère essentiel de l'application est le coût, il sera extrêmement difficile d'évite l'ASK. Ce type de modulation est très souvent employé dans les systèmes de transmission grand public pour les transmissions de données à courte distance.

Ces systèmes fonctionnent en général sur des fréquences porteuses dans la bande 224 MHz ou 433MHz .Ce deux bandes sont normalisées pour ce type d'application.

Pour ces deux fréquences, les porteuse peuvent être obtenues à partir d'oscillateur à résonateurs à onde de surface .Cette configuration allie stabilité de d'oscillateur et faible coût.

En général, les débits sont faibles et le filtrage n'a qu'une importance relative.

Pour être conforme aux différentes réglementations, le problème de l'occupation spectrale autour de la fréquence porteuse est résolu par l'emploi de filtres à onde de surface spécialement conçu à cet effet. Dans ce cas le rôle du concepteur se limite essentiellement au bon choix d'éléments constituant émetteur et récepteur.

Des circuits intégrés spécifiques résolvent le problème du récepteur dans son intégralité. Ces circuits comportent en générale les étages d'entrée RF, un oscillateur local, mélangeur, les étages à la fréquence intermédiaire, le démodulateur et le circuit de décision (comparateur).

Exemple d'utilisation :

-télécommande

- bande de récepteur pour les systèmes à faibles débits.

Avantages :

-très simple à réaliser

- économique

Inconvénients

-très susceptible au bruit ;

II-4 Structure des émetteurs récepteurs :

On souhaite transmettre le message original m (t) en bande de base via le canal de transmission selon la chaîne de la figure II.12 .Nous ne nous intéressons pas au cas où le signal est transmis en bande de base module une fréquence porteuse. Le modulateur est un de sous-ensembles constituant l'émetteur mais ce n'est pas le seul.

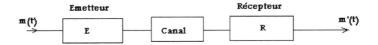

Figure II.12 Chaîne de transmission

L'objectif de ce chapitre est l'examen de chacune des fonctions élémentaires constituant l'émetteur et le récepteur. A la réception on récupère le signal m' (t) et l'on espère que celui-ci sera voisin du signal émis m (t). Les performances globales de la chaîne de transmission seront fonction de choix et des paramètres retenus pour chacun des sous-ensembles. Les fonctions d'émission et de réception étant différentes, on comprend aisément qu'à chaque étape de traitement, seuls certains paramètres sont cruciaux.

L'objectif de cette description est de mettre l'accent sur l'importance relative de chaque paramètre pour tous les sous-ensembles de la chaîne de transmission .On constatera qu'en général la structure des émetteurs est plus simple que celle des récepteurs. Les résultats donnés dans ce chapitre sont applicables, dans la plupart des cas, à la transmission des signaux analogiques ou numériques .Il ne s'agit pas ici de choisir le procédé de modulation, mais de réfléchir sur la configuration de l'émetteur et de récepteur lorsque ce choix a été effectué.

II-4.1 Emetteur :

II-4.1.1 Définition d'un émetteur :

Le but d'un émetteur est de transmettre à distance des information très variées : voix humaines ou musique, photographies ou films, séquence de lettres ou de chiffres .donc un transducteur sera nécessaire de les convertir sous forme électrique, dont la fréquence est comprise entre 20hz et 20khz.

C'est-à-dire fréquences audibles, c'est ainsi que l'évolution de la technologie de transmission s'est manifestée positivement avec les années et sont développement a donné une propagation prodigieuse des composantes.

Actuellement, on réalise des émetteurs avec de meilleures performances et de dimension réduites, ainsi qu'a des types fonctionnent automatiquement et même commandée à distance ce qui a favorisé dans les années 60 l'expansion des émetteurs AM aussi plusieurs solutions pratique et économiques ont été adoptées dont la base est en général l'introduction des informations dans une autres de haut fréquence propre à chaque émetteur appelée porteuse d'où le principe de modulation.

II-4.1.2 Différents étages d'un émetteur :

Les composants essentiels d'un émetteur radio sont un générateur d'oscillation, servant à convertir le courant électrique en oscillation d'une fréquence radioélectrique déterminée ; des amplificateurs, permettant d'augmenter l'intensité de ces oscillations tout en conservant la fréquence désirée ; et un transducteur, convertissant l'information à transmettre en tension électrique variable, proportionnelle à chaque instant à l'intensité du phénomène.

L'émetteur simplifié de la figure II.13 comprend les trois ensembles suivants :

Un circuit de traitement de bonde de base.

Un modulateur.

Un amplificateur de puissance.

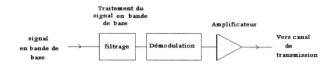

figure II.13 schéma synoptique d'un émetteur

II-4.2 Récepteur :

II-4.2.1 Définition d'un récepteur :

Un récepteur doit remplir plusieurs fonctions différentes. Il doit donc amplifier suffisamment les signaux HF, généralement très faibles, qui lui sont transmis par l'antenne d'une part et il doit extraire de la masse les signaux captés par l'antenne d'autre part.

II-4.2.2 Rôle du récepteur:

Le récepteur reçoit une fraction de la porteuse modulée émise en présence de bruit et de multiples autres signaux de puissance et de fréquence diverses et inconnues.

Le rôle fondamental du récepteur est de démoduler la porteuse et de restituer le signal modulant original. L'émetteur étant distant du récepteur, dans un cas contraire, la modulation ne s'impose pas, le signal à la fréquence porteuse devra préalablement être amplifié.

Le synoptique du récepteur serait alors celui de la Figure II.14 et se limiterait à une chaîne d'amplification, de démodulation et de filtrage.

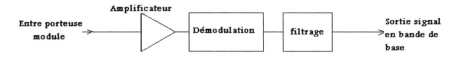

Figure II.14 schéma synoptique du récepteur

II-4.2.3 Caractéristique d'un récepteur :

II-4.2.3.1 La sensibilité :

La sensibilité d'un récepteur est la faculté qu'a ce dernier d'amplifier des signaux recueillis à l'antenne. Certains récepteurs arrivent à capter des stations émettrices lointaines, de fait la conception des récepteurs diffère et les premiers ont une sensibilité plus grande que les seconds.

La sensibilité va dépendre essentiellement des circuits amplificateurs installes dans le récepteur.

II-4.2.3.2 La stabilité :

La stabilité d'un récepteur traduit la propriété qu'a ce dernier de conserver une bonne réception une fois ajustée.

La stabilité d'un récepteur dépendra avant tout des circuits électriques car les variations de température ou d'alimentation électrique du récepteur peuvent modifier leurs performances. Ainsi une mauvaise stabilité peut se traduit par la perte de la station captée, ce qui nécessitera d'ajuster à nouveau le récepteur à sa fréquence de réception.

II-4.2.3.3 La sélectivité :

La sélectivité d'un récepteur reflète la capacité qu'à ce dernier de mieux isoler une émission parmi tout d'autres on remarquer que, dans certains récepteurs, nous pouvons entendre deux stations simultanément.

Cela provient du fait que les récepteurs sont dotés d'une très mauvaise sélectivité. La possibilité d'isoler une station parmi d'autres dépendra surtout de la qualité des filtres utilisés ou, plus exactement, de la réponse de ces filtres.

II-4.2.3.4 La fidélité :

La fidélité d'un récepteur traduit la faculté qu'a ce dernier à reproduire aussi fidèlement que possible le message certains système de son sont dits de haute fidélité parce qu'ils reproduisent plus fidèlement la parole ou la musique.

La fidélité d'un récepteur sera d'autant meilleure que le signal modulé sera détecté avec un minimum de distorsion. La distorsion d'un signal peut se traduit par des modifications d'amplitude ou de phase et plus rarement de fréquence. Elle peut provenir tant des circuits (filtres non idéaux, amplificateurs non idéaux, bruit électronique) que des vois de transmission (bruit électromagnétique ou absence d'homogénéité de l'atmosphère).contrairement à la sensibilité au la sélectivité, la fidélité peut être une qualité subjective : pour les récepteur de haute fidélité, deux auditeurs peuvent avoir une appréciation différente de la fidélité du même récepteur.

II-4.2.3.5 Le rapport signal sur bruit :

Le rapport signal sur bruit désigne par (S/B) devra être aussi élevé que possible, les bruits électriques dans récepteur s'additionnent à l'information leur effet devra être minimisé. Sans quoi la puissance des bruits se rapprochant de celle de l'information, il sera fort difficile d'identifier l'information. A la limite, les bruits peuvent totalement couvrir l'information qui devient alors indiscernable .Notons que le rapport signal sur bruit influe sur la fidélité du récepteur mais ce n'est pas nécessairement le seul facteur, nous pouvons reconstituer une information dotée d'un haut rapport signal sur bruit et qui resterait cependant inintelligible au cas où elle aurait subie trop de distorsion.

Conclusion :

Utilisé les ondes radio comme moyen de transmission de donné ajoute plus de liberté a notre robot mais un problème se pose, les bruis interfère beaucoup sur notre système de communication.

chapitre 3

étude et réalisation du système

III-1 Etude électronique du système :

III -1.1 L'interface Rs232 (l'interface de commande):

III-1.1.1 La connexion entre un pc et un max232 :

La liaison RS232 est un protocole de transfert de données asynchrones qui utilise pour se faire un fil de signal et un fil de masse .

Donc Le pc via sa liaison série RS232 (appelé COM ou bien DB9) communique avec notre montage en passant par le MAX232

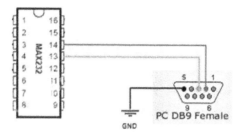

Figure III.1 brochage entre Max232 et DB9

III-1.1.1.1 le MAX232 :

Le Max 232 est un circuit permettant de réaliser des liaisons RS232 vers des circuits TTL. Il génère les tensions nécessaire à la norme RS232 de l'ordre +10V/-10V à partie de 5V ou 3.3V en utilisant uniquement des condensateurs externes.

Figure III.2 Max232

III-1.1.1.2 brochage du MAX232 :

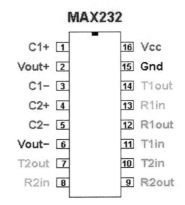

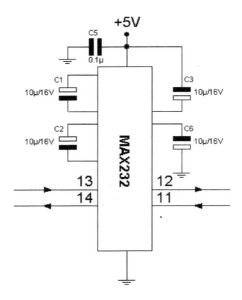

Figure III.3 brochage du Max232

III-1.1.2 La connexion entre un max232 et un Pic :

Nous avons vu précédemment comment connecter un max232 à un port série, nous allons voir maintenant comme connecter un microcontrôleur à ce max232 afin de communiquer avec le port série, et ainsi avoir un échange entre un ordinateur et une carte électronique.

Beaucoup de microcontrôleurs sont actuellement dotés de la gestion automatique de la communication, on les reconnait par la fonction UART présente. UART signifie : *Universal Asynchronous Receiver Transmitter*.

III-1.1.2.1 brochage entre pic et max 232 :

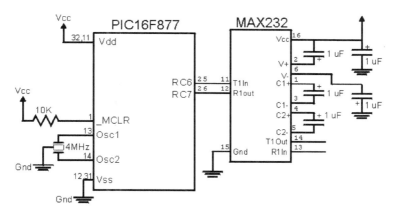

Figure III.4 brochage entre Max232 et un pic 16F877

Remarque :

Une mass commune entre le circuit max232 et le pic est indispensable pour le fonctionnement du circuit

III-1.1.3 schéma de l'interface Rs232(l'interface de commande) :

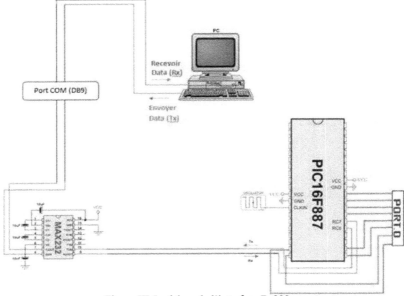

Figure III.5 schéma de l'interface Rs232

III-1.1.4 image du circuit Rs232(l'interface de commande) :

Figure III.6 Circuit Rs232

III-1.2 Carte de puissance :

Son rôle est de fournir de l'énergie aux moteurs (12V) afin de faire bouger notre robot bras manipulateur elle est conçue affin de faire tourné quatre moteur dans les deux directions

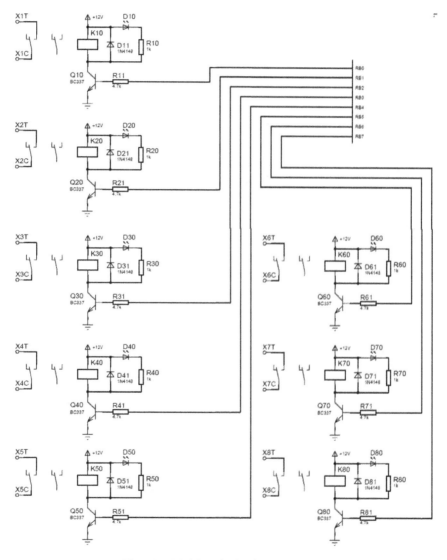

Figure III.7 Schéma du circuit de puissance

Figure III.8 Circuit de puissance

III-1.3 l'interface émission réception sans file :

Parfois, dans la conception de systèmes embarqués, vous voulez passer au sans fil. Peut être vous voulez connecter des capteurs placés à distance, ou tout simplement construire une télécommande pour robot ou un système d'alarme de voiture. Les communications radio entre deux microcontrôleurs PIC peut être facile lorsque les modules hybrides s sont utilisés. Les modules bon marché en radio fréquence sont : TX433 et RX433 (ou similaire)

pin 1 : GND
pin 2 : Data in
pin 3 : VCC
pin 4 : ANT

1 2 3 4

Figure III.9 émetteur 433Mhz

Pin 1: GND
Pin 2: Digital Output
Pin 3: Linear Out
Pin 4: VCC
Pin 5: VCC
Pin 6: GND
Pin 7: GND
Pin 8: ANT (About 30~35cm)

Modulation: AM
Supply Voltage: 5V DC

1 2 3 4   5 6 7 8

Figure III.10 récepteur 433Mhz

L'émetteur et le récepteur sont réglés pour fonctionner correctement à 433,92 MHz. L'émetteur peut être alimenté à partir de 3 à 12V et le récepteur accepte 5V. 5V est commun pour les microcontrôleurs PIC donc pas de problèmes d'interfaçage. Néanmoins si on veut profiter de la puissance maximale de l'émetteur il faut l'alimenter à 12v et ajouter deux antennes de longueur 30 à 35 cm (¼ de l'onde). Ces Modules utilisent la modulation d'amplitude (Amplitude Shift Keying - ASK) et utilisent une bande passante de 1 MHz.

REMARQUE :

On a remarqué que lorsque l'émetteur ne transmet pas des données le récepteur capte quant-même des bruits qui viennent de l'alimentation ou d'autres sources, c'est parce que le récepteur ajuster son gain d'entrée en fonction du niveau du signal d'entrée (Gain Auto-réglable).

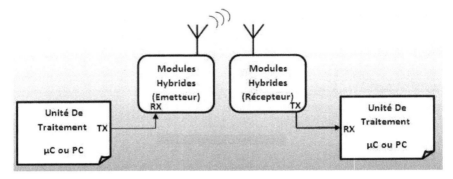

Figure III.11 transmission radio

La transmission radio est un peu plus compliqué que de communication par câble, car on ne sait jamais quels sont les signaux radio présents dans l'air.

La questions est comment les signaux transmis sont codés. Et c'est une partie où vous avez beaucoup de choix. Vous pouvez utiliser le codage matériel comme USART ou écrire votre propre codage en se basant sur une des méthodes NRZ, Manchester, etc

Dans cet exemple, j'ai utilisé le module PIC USART pour former des paquets de données. Dans ce cas vous pouvez réellement improviser en ajoutant différents contrôles et ainsi de suite. J'ai décidé de former des paquets de 12 octets de données pour envoyer une information de 8 octets séparé par un octet de synchronisation un Il s'agit notamment de:

- Octet de synchronisation (01010011) 'S' en ASCII;
- 8 octets de donnée (peuvent être diviser en Adresse et donnée)
- 2 octets checksum qui forme la somme des 8 octets de donnée
- 2 octets de fin de transmission en ASCII 'OK'

Pourquoi ai-je utiliser un Octet de synchronisation au début du paquet. Simplement, j'ai remarqué que lorsque l'émetteur ne transmet pas les données le récepteur capte divers bruits qui viennent de l'alimentation ou d'autres sources, car le récepteur ajuste son gain d'entrée en fonction du niveau du signal d'entrée. Probablement avec d'autres modules, vous pouvez exclure cet octet.

Dans mon cas, j'ai utilisé la vitesse 1200 bauds, elle peut être augmenté ou diminué en fonction de la distance et de l'environnement. Pour des distances plus longues on baisse la vitesse de transmission car il y a plus de probabilité d' erreurs de transmission. Le débit maximum de l'émetteur est de 8kbits /s ce qui est d'environ 2400 bauds. Mais ce qui fonctionne, en théorie, ne fonctionne pas habituellement dans la pratique. Ainsi, 1200 bauds maximum est ce que j'ai pu atteindre pour faire fonctionner le module correctement.

III-1.3.1 carte de réception :

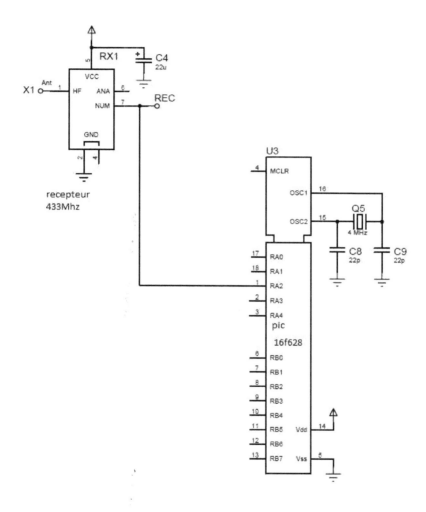

Figure III.12 schéma de la carte de réception

Figure III.13 carte de réception

III-1.3.2 carte d'émission :

Pour notre émission on a prie la liberté de faire deux type de commande une légère et qui se présente sous forme d'un boîtier muni de boutant et d'un petit écran a fin de recevoir les images de notre robot (figure III.15) .

La deuxième méthode c'est celle ou on passe les commande au pc et c'est la que entre en jeux notre carte de commande (Rs232) qui on va la lié a notre boitier de commande grâce a une autre carte qui serre de support pour l'accueillir (figure III.16) et du coup on a pue se passé d'un deuxième émetteur et donc faire des économies vue que l'émetteur et vendue avec son récepteur.

Ces deux méthode ne sont pas les seul moyen de commande de notre robot car grâce un logiciel VNC qu'on va on parlé on a pue étendre notre champ de commande au-delà de notre PC car il devient possible a touts les pc connecté a notre réseau et après avoir passé par le PC principale (notre pc) de commandé le robot mobile (voir l'annexe C)

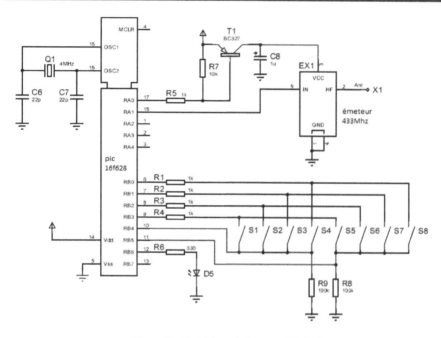

Figure III.14 Schéma de la carte d'émission

Figure III.15 boitier de commande

Figure III.16 support de boitier de commande

III-1.4 l'ensemble des carte :

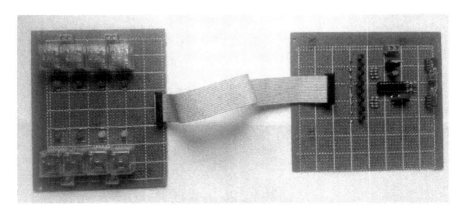

Figure III.17 les cartes placé sur le robot mobile

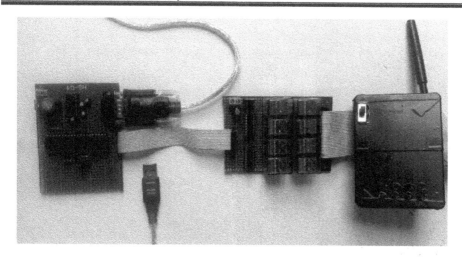

Figure III.18 les cartes relié avec le PC

III-2 Etude mécanique du système :

III-2.1 La plate forme mobile :

Notre plate forme mobile et de type tricycle , il est constitué de deux roues fixes de même axe et d'une roue centrée orientable placée sur l'axe longitudinal du robot

Figure III.19 plat forme du robot mobile

III-2.2 les moteurs utilisés :

Nous avens utilisé les moteur a courant continus, ce choix est due a leur puissance et leur facilité de commande.

III-2.3 transfère du mouvement par vis sans fin :

Cette technique est utilisé pour maintenir la position de la plate forme dans l état de repo si jamais le sole est incliné et ca permette aussi de fixé la roue qui tourne pas quant on déicide d'allé a gauche ou a droit

Figure III.20 vis sans fin

Figure III.21 moteur lié a la roue avec vis sans fin

III-2.4 le bras du robot

Son rôle est de nous faire grandir notre campe de vision et de pouvoir voir dans touts les directions même quant la plate forme et immobile

Figure III.22 bras du robot

REMARQUE

Tout nous pièces qu'il s'agie de partie électronique ou bien mécanique sont détachable et ce a fin de facilité le transporte et la maintenance

III-3 le robot mobile :

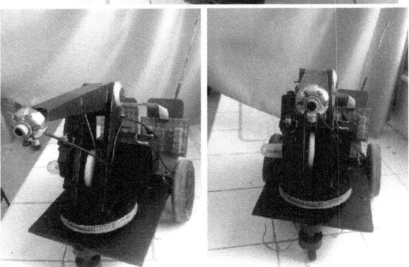

Figure III.23 le robot mobile

Conclusion :

Le choix du matérielle utilisé a beaucoup affecté notre travaille, comme l'émetteur récepteur bon marché utilisé qui est facilement affecté par les bruis en plus de fonctionné sur une fréquence standard très utilisé et accessible a touts.

.

conclusion générale

Conclusion générale

Ce travail nous a été bénéfique et très utile dans la mesure où il nous a permis de développer nos connaissances théoriques et pratiques dans les domaines de l'électronique et surtout de l'informatique.

Tout au long de la réalisation de notre projet on a rencontré une multitude de problèmes (plus particulièrement la précision, la fiabilité de la transmission sans file).
Pour augmenter la précision, il fallait utiliser des moteurs pas à pas. Par contre pour la transmission qui n'était pas fiable, on a songé à installer des filtres ou des modules destinés à cet effet, mais par manque de temps, on n'a pas pu les réaliser

En matière de résultats obtenus, on peut considérer que notre objectif a été atteint car on a pu réaliser et commander notre robot mobile malgré le manque de précision avec la commande visuelle. Par ailleurs on a résolue le problème ou plutôt trouvé une solution de rechange pour les modèles mathématiques qui n'étaient pas disponibles.

En fin, nous souhaitons que ce travail servira comme supports pour les futures promotions et soit finaliser en introduisant les différents capteurs de positon pour que notre robot puisse trouver sa parfaite commande.

Bibliographie

Bibliographie :

[1] :   David FILLIAT / Robotique Mobile / Ecole Nationale Supérieure de

Techniques Avancées.

[2] :   Luc Jaulin / Robotique / 13 avril 2010.

[3] :   bousoura med amine & tihari Med / Robotique mobile / étude et

réalisation d'un robot mobile / 28 juin 2010 UHBB.

[4]   www.developpez.com   / juin 2012

[5]   forums.futura-sciences.com   / juin 2012

[6]   www.cppfrance.com   / juin 2012

[7]   www.abcelectronique.com   / juin 2012

[8]   C. Delannoy. – **Apprendre le C++.**
        Édition 2007

Annexe

I- Outil de développement du système :

I-1 C++ Builder :

I-1.1 Introduction

Cet outil logiciel BORLAND, basé sur le concept de programmation orientée objet, permet à un développeur, même non expérimenté, de créer assez facilement une interface homme/machine d'aspect « WINDOWS ».
Le programme n'est pas exécuté de façon séquentielle comme dans un environnement classique.

Il s'agit de programmation « événementielle », des séquences de programme sont exécutées, suite à des actions de l'utilisateur (clique, touche enfoncée etc…), détectées par WINDOWS. *[6]*

I-1.2 L'interface de C++ Builder
La figure représente un exemple typique de l'interface de C++ Builder au cours d'une session de travail.

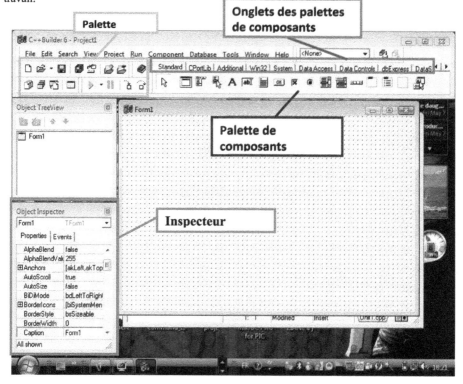

Figure I.1 L'interface de C++ Builder

Cette interface est assez déroutante au premier abord car elle n'occupe pas tout l'écran. De fait, une partie des écrans des autres applications que vous utilisez (ou du bureau !) est visible.
On peut toutefois distinguer plusieurs grandes parties :

- La classique barre de menu
- La barre d'outils qui se décompose en 2 grandes parties :
  - ✓ La palette d'outils permettant d'effectuer les opérations les plus courantes (sauvegarde, ouverture de fenêtres, etc.)
  - ✓ Les palettes de composants disposées accessibles par des onglets
- L'inspecteur d'objets qui permet de manipuler les propriétés des composants et d'associer du code à leurs événements

D'autres fenêtres auraient pu être présentes dans des phases spécifiques de développement : les inspecteurs de variables du débogueur, la liste des points d'arrêt, les différents experts, etc.

I-1.3 Le composant TComPort :

Dans les applications industrielles et domestiques, nous avons souvent besoin d'allier un système électronique à une application logicielle via un port d'entrée/sortie de l'ordinateur.

Ce peut être **le port parallèle**, le port série ou même l'USB. Par exemple un modem externe, sur le port série ou une imprimante avec le port parallèle. Ceci dans un but d'allégement des montages électroniques et de commodité pour tout ce qui est calcul.

Bien que ce ne soit pas toujours possible, par exemple pour des systèmes embarqués, ou là l'emploi d'un micro contrôleur est inévitable.

I-1.4 Le composant VideoCapX :

VideoCapX permet aux développeurs d'intégrer une capture vidéo à leurs applications.

Le composant est compatible avec les appareils photos numériques FireWire (DCAM), PCI, PC-Card grabbers, USB / USB 2, DV (digital video) devices et TV tuners.

Vous pourrez facilement afficher l'image d'une webcam dans votre application et capturer l'image pour l'enregistrer sur le disque dur. Permet également de capturer les images vidéos et de les enregistrer en AVI ou WMV.

Supporte le streaming vidéo en direct pour des applications de visio conférence ou de messagerie instantanée avec vidéo.

I-1.5 Le programme de l'interface graphique :

```
//--------------------------------------------------------------------------
#include <vcl.h>
#pragma hdrstop
#include "webcam.h"
```

```
//-----------------------------------------------------------------------
#pragma package(smart_init)
#pragma link "VIDEOCAPXLib_OCX"
#pragma link "CPort"
#pragma link "CPortCtl"
#pragma resource "*.dfm"
TForm1 *Form1;
//-----------------------------------------------------------------------
__fastcall TForm1::TForm1(TComponent* Owner)
    : TForm(Owner)
{
}
wchar_t *AnsiTowchar_t(AnsiString Str)
{
  wchar_t *str = new wchar_t[Str.WideCharBufSize()];
  return Str.WideChar(str, Str.WideCharBufSize());
}
//-----------------------------------------------------------------------
void __fastcall TForm1::Button1Click(TObject *Sender)
{
  VideoCapX1->Connected = true;
  VideoCapX1->Preview = true;
  VideoCapX1->CapFilename = "c:\\temp\\movie.avi";
  VideoCapX1->StartCapture();
// Timer1->Enabled = true;
}
//-----------------------------------------------------------------------
```

```
void __fastcall TForm1::Button2Click(TObject *Sender)

{

  VideoCapX1-
>UploadFrame(AnsiTowchar_t("localhost"),AnsiTowchar_t("mauricio"),AnsiTowchar_t("lachayra
"),

                AnsiTowchar_t("images"),AnsiTowchar_t("image.jpg"),0,100);

}
//-----------------------------------------------------------------------

void __fastcall TForm1::FormClose(TObject *Sender, TCloseAction &Action)

{

  VideoCapX1->StopCapture();

}
//-----------------------------------------------------------------------

void __fastcall TForm1::Timer1Timer(TObject *Sender)

{

  try

  {

    AnsiString laMensaje = "LaChayra " + FormatDateTime("dd/mmm/yyyy",Date()) + " " +
Time();

    VideoCapX1-
>SetTextOverlay(0,AnsiTowchar_t(laMensaje),0,0,AnsiTowchar_t("Arial"),12,RGB(255,0,0),-1);

    int lnValor = VideoCapX1->DetectMotion();

    if(lnValor > 30)

      ShowMessage("Cambio la captura...");

    else

      lTitulo->Caption = lnValor;

  }

  catch(...)

  {
```

```
  NULL;

  }

}
//-----------------------------------------------------------------------

void __fastcall TForm1::Button3Click(TObject *Sender)

{

unsigned char tableau[1] = {'a'};

   ComPort1->Write(tableau, 1); //Ecrit 1 octets de "tableau" sur le port série

}
//-----------------------------------------------------------------------

void __fastcall TForm1::Button4Click(TObject *Sender)

{

unsigned char tableau[1] = {'b'};

   ComPort1->Write(tableau, 1); //Ecrit 1 octets de "tableau" sur le port série

}
//-----------------------------------------------------------------------

void __fastcall TForm1::Button5Click(TObject *Sender)

{

unsigned char tableau[1] = {'c'};

   ComPort1->Write(tableau, 1); //Ecrit 1 octets de "tableau" sur le port série

}
//-----------------------------------------------------------------------

void __fastcall TForm1::Button6Click(TObject *Sender)

{

unsigned char tableau[1] = {'d'};

   ComPort1->Write(tableau, 1); //Ecrit 1 octets de "tableau" sur le port série

}
```

```
//--------------------------------------------------------------------------

void __fastcall TForm1::Button7Click(TObject *Sender)

{

unsigned char tableau[1] = {'e'};

    ComPort1->Write(tableau, 1); //Ecrit 1 octets de "tableau" sur le port série

}

//--------------------------------------------------------------------------

void __fastcall TForm1::Button8Click(TObject *Sender)

{

unsigned char tableau[1] = {'f'};

    ComPort1->Write(tableau, 1); //Ecrit 1 octets de "tableau" sur le port série

}

//--------------------------------------------------------------------------

void __fastcall TForm1::Button9Click(TObject *Sender)

{

unsigned char tableau[1] = {'g'};

    ComPort1->Write(tableau, 1); //Ecrit 1 octets de "tableau" sur le port série

}

//--------------------------------------------------------------------------

void __fastcall TForm1::Button10Click(TObject *Sender)

{

unsigned char tableau[1] = {'h'};

    ComPort1->Write(tableau, 1); //Ecrit 1 octets de "tableau" sur le port série

}

//--------------------------------------------------------------------------

void __fastcall TForm1::Button11Click(TObject *Sender)

{
```

```
ComPort1->Connected=true; //Ouverture du port (prêt à communiquer)

}
//------------------------------------------------------------------------

void __fastcall TForm1::Button12Click(TObject *Sender)

{

ComPort1->Connected=false; //Fermeture du port (arrêt des communications)

}
//------------------------------------------------------------------------

void __fastcall TForm1::Button13Click(TObject *Sender)

{

unsigned char tableau[1] = {'s'};

    ComPort1->Write(tableau, 1); //Ecrit 1 octets de "tableau" sur le port série

}
//------------------------------------------------------------------------
```

I-2 Le MikroC

I-2.1 Introduction :

Dans un passé pas très lointain, l'électronique pour les amateurs (éclairés) se
résumait essentiellement aux circuits analogiques et éventuellement en logique câblée (portes
logiques, compteurs, registres à décalage…). L'usage des
microprocesseurs était plutôt réservé à un public averti d'ingénieurs sachant les interfacer
avec différents circuits périphériques (eprom, ram…) et programmer en assembleur.
Au fil du temps on a vu apparaître de nouveaux circuits regroupant dans une seule puce le
microprocesseur et ses circuits périphériques : les microcontrôleurs. On en trouve maintenant
partout : automobile, lave-vaisselle, rasoir, brosse à dent électrique…
Heureusement, avec la montée en puissance des microcontrôleurs, on voit
apparaître actuellement des compilateurs en langage C (voire même C++) qui
permettent de gagner un temps considérable pour le développement et le débogage des
programmes. [8]

I-2.2 La Programmation :

I-2.2.1 Le logiciel utilisé pour la programmation :

Pour notre programme on a utilisé le **mikroc** c'est un logiciel qui utilise le langage ''C''
comme base de programmation

I-2.2.2 Organigramme du programme :

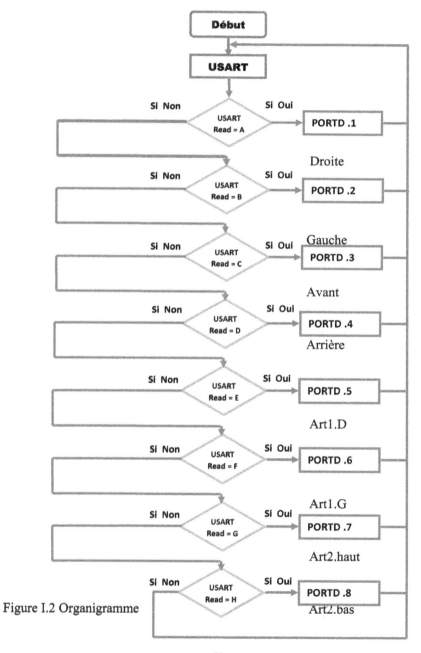

Figure I.2 Organigramme

I-2.2.3 Programme :

```
char uart_rd;
void main() {
        TRISD=0;
        PORTD=0;
        TRISB=1;
        PORTB=0;
UART1_Init(9600);
 //Delay_ms(100);
UART1_Write_Text("Start");
while (1) {
   if (UART1_Data_Ready()) {
   uart_rd = UART1_Read();
   if(uart_rd=='s')PORTD=0b00000000;
   if(uart_rd=='a')PORTD=0b00000001;
   if(uart_rd=='b')PORTD=0b00000010;
   if(uart_rd=='c')PORTD=0b00000100;
   if(uart_rd=='d')PORTD=0b00001000;
   if(uart_rd=='e')PORTD=0b00010000;
   if(uart_rd=='f')PORTD=0b00100000;
   if(uart_rd=='g')PORTD=0b01000000;
   if(uart_rd=='h')PORTD=0b10000000;
   UART1_Write(uart_rd);
delay_ms(100);
PORTD=0;
   }
```

```
}}
```

I-3 VNC :

I-3.1 Présentation du logiciel VNC :

Virtual Network Computing (VNC) est un système d'accès à un bureau distant qui permet de prendre le contrôle d'un ordinateur distant. Il permet de transmettre les saisies au clavier ainsi que les clics de souris d'un ordinateur à l'autre, à travers un réseau informatique, en utilisant le protocole RFB.

VNC est indépendant de la plateforme : un client VNC installé sur n'importe quel système d'exploitation peut se connecter à un serveur VNC installé sur un autre système d'exploitation. Il existe des clients et des serveurs VNC pour la plupart des systèmes d'exploitation. Plusieurs clients peuvent se connecter en même temps sur un même serveur VNC. Une utilisation de ce protocole est le support technique à distance, ainsi que la visualisation de fichiers sur un ordinateur de travail à partir d'un ordinateur personnel.

I-3.2 Fonctionnement :

VNC se compose de deux parties, Le client et le serveur. Le serveur est le programme esclave sur la machine qui partage son écran, et le client (appelé aussi le *viewer*) est le programme maître qui regarde et interagit éventuellement avec le serveur.

VNC **Insérer un rectangle de pixel à la position x,y donnée** Cela étant, le serveur envoie des petits rectangles venant du serveur au client .

Cette méthode, dans sa forme la plus simple, utilisant beaucoup de bande passante, il existe plusieurs méthodes pour réduire cette utilisation. Par exemple, il y a plusieurs formes d'*encodage*, des méthodes pour déterminer quel moyen est le plus efficace pour réduire cela.

L'encodage le plus simple, qui est supporté par tous les clients et serveurs, est le *raw encoding* où les pixels sont transmis de gauche à droite par ligne, et après le premier écran transféré, seulement les rectangles qui changent sont envoyés. À cause de cela, cette méthode fonctionne très bien si seulement une petite quantité de l'écran change d'une image à l'autre (comme un pointeur de souris qui se déplace sur le bureau, ou du texte tapé), mais l'utilisation de bande passante augmente fortement si beaucoup de pixels changent et donc doivent être transmis (une vidéo en plein écran est le meilleur exemple).

I-3.3 Configuration du REAL VNC :

- Une fois l'installation du logiciel terminée.
- Lancer le logiciel VNC

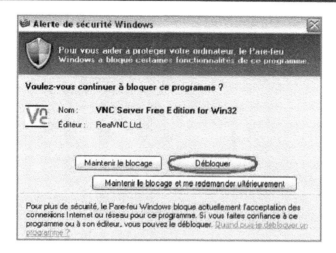

- Une fois autorisé à se connecter, vous devriez voir en bas à droite l'icône d'activité de Real VNC, comme ci-dessous :

Remarque

Si vous utilisez un firewall, il est possible qu'apparaisse un message vous demandant si vous permettez au logiciel de se connecter à Internet. Choisissez alors de l'autoriser.

- Pour accéder aux options du logiciel, cliquez avec le bouton droit de la souris sur l'icône et sélectionnez le menu « Options... ».

- Il s'agit des options du programme que nous allons maintenant paramétrer. cliquez sur Configure

Tapez et confirmez le mot de passe de votre choix (6 caractères minimum, lettres ou chiffres) puis cliquez sur OK

I-3.4 Prise de contrôle

Vous êtes maintenant prêts pour obtenir les commande distance ! Lorsque vous le désirez, il ne reste vous reste plus qu'à me communiquer votre adresse ip et le mot de passe que vous avez choisi précédemment afin que je puisse me connecter à votre ordinateur.

- Et voici un aperçue

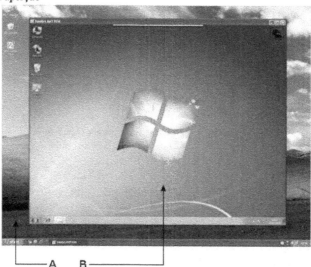

Figure I.3 image du moniteur du Client VNC

A : PC qui prend la commande. Le PC contrôlé (avec VNC SERVER)s'affiche dans VNC VIEWER

B : PC qui est contrôlé (VNC SERVER) dont le bureau s'affiche dans VNC VIEWER du PC A.

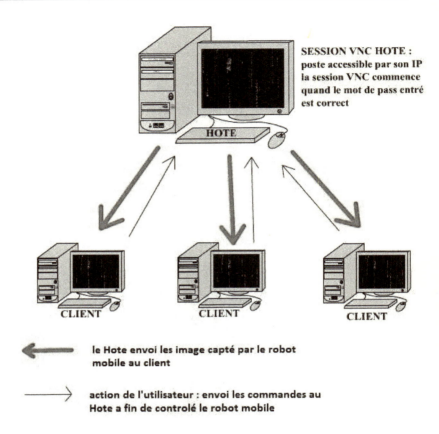

SESSION VNC HOTE :
poste accessible par son IP
la session VNC commence
quand le mot de pass entré
est correct

HOTE

CLIENT   CLIENT   CLIENT

le Hote envoi les image capté par le robot
mobile au client

action de l'utilisateur : envoi les commandes au
Hote a fin de controlé le robot mobile

Figure I.4 principe de notre utilisation du VNC

Conclusion :
Donc grâce a ce logiciel on peut étendre notre champ de commande car grâce a lui
tout le périmètre couvert par notre réseau est devenue un point d'accès a fin de
commandé notre robot.
La version payante de ce logiciel utilise internet et peut donc étendre notre champ a la
a tout point sur le globe ayant un accédé a internet.

I-4.Matérielles utilisé :

I-4.1 ULN 2003 :

l'ULN2003 est un circuit qui permet de piloter jusqu'à
500 mA / 50 V (max) par voie.

I-4.2 brochage ULN2003 :

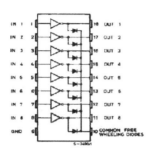

Figure I.5 ULN 2003

I-4.3 Relais électromécanique :

Un relais électromécanique est doté d'un bobinage en guise d'organe de commande. La tension
appliquée à ce bobinage va créer un courant, ce courant produisant un champs électromagnétique à
l'extrémité de la bobine (il ne s'agit ni plus ni moins que d'un électro-aimant). Ce champs magnétique
va être capable de faire déplacer un élément mécanique métallique monté sur un axe mobile, qui
déplacera alors des contacts mécaniques.

I-4.4 Avantages du relais électromécanique :

- Capacité de commuter aussi bien des signaux continus qu'alternatifs sur une large
  gamme de fréquences.
- Fonctionnement avec une dynamique considérable du signal commuté.
- Aucun ajout de bruit ou de distorsion.
- Résistance de contact fermé très faible (il est moins facile de trouver des valeurs aussi
  faibles avec des composants électroniques).
- Résistance de contact ouvert très élevée (il est moins facile de trouver des valeurs
  aussi élevées avec des composants électroniques).

- Très grande isolation entre circuit de commande (bobine) et circuit commuté (contacts).
- Possibilité de résoudre des problèmes d'automatisme de façon parfois plus simple qu'avec un circuit électronique.

I-4.5 Brochages de quelques relais électromécaniques

Il existe au moins deux normes où des lettres sont employées pour désigner les contacts :
- lettres **C** (Commun), **R** (Repos) et **T** (Travail).
- lettres **COM** (**Com**mon - Commun), **NO** (Normaly Opened - Normalement Ouvert), et **NC** ou **NF** (Normaly Closed, Normalement Fermé).

Les dessins suivants montrent la correspondance entre schéma électrique et boitier pour trois relais différents. Il en existe beaucoup d'autres, et vous devez vous documenter avec le document constructeur pour connaitre le brochage du relais qu'on a choisis.

Le type de relais représenté ci-dessous est de type 1RT, c'est à dire qui ne dispose que d'un seul contact Repos

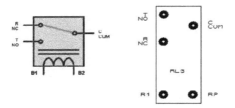

Figure I.6 relais électromécaniques

I-4.6 transistor (en commutation) :

Dans ce mode de fonctionnement, le transistor ne connaît que deux états de fonctionnement possibles. Soit il est bloqué, c'est alors l'équivalent d'un interrupteur mécanique ouvert, et il ne laisse pas passer de courant. Soit il est passant (on dit aussi saturé), c'est alors

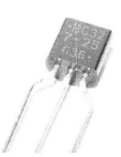

l'équivalent d'un interrupteur mécanique fermé, et il laisse passer le courant.

Figure I.7 transistor

On a utilisé des BC327

I-4.7 brochage du BC327 :

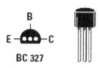

Figure I.8 brochage du BC327

I-4.8 Régulateur de tension :

Un régulateur de tension est un élément qui permet de stabiliser une tension à une valeur fixe, et qui est nécessaire pour les montages électroniques qui ont besoin d'une tension qui ne fluctue pas, ne serait-ce que peu.

figure I.9 régulateur de tension

I-4.9 brochage du régulateur 7805 :

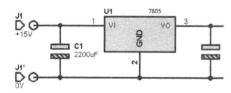

Figure I.10 brochage du régulateur 7805

I-4.10 les microcontrôleurs :

Un microcontrôleur se présente comme étant une unité de traitement de l'information de

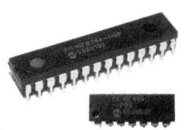

type microprocesseur contenant tous les composants d'un système informatique, à savoir microprocesseur, des mémoires et des périphériques (ports, timers, convertisseurs...).

Figure I.11 le microcontrôleur

Chaque fabricant a sa ou ses familles de microcontrôleur. Une famille se caractérise par un noyau commun (le microprocesseur, le jeu d'instruction...). Ainsi les fabricants peuvent présenter un grand nombre de pins qui s'adaptent plus au moins à certaines tâches. Mais un programmeur connaissant une famille n'a pas besoin d'apprendre à utiliser chaque membre, il lui faut connaître juste ces différences par rapport au père de la famille. Ces différences sont souvent, la taille des mémoires, la présence ou l'absence des périphériques et leurs nombres.

I-4.11 Les avantages du microcontrôleur :

L'utilisation des microcontrôleurs pour les circuits programmables à plusieurs points forts et bien réels. Il suffit pour s'en persuader, d'examiner la spectaculaire évolution de l'offre des fabricants de circuits intégrés en ce domaine depuis quelques années.

Nous allons voir que le nombre d'entre eux découle du simple sens.

- Tout d'abord, un microcontrôleur intègre dans un seul et même boîtier ce qui, avant nécessitait une dizaine d'éléments séparés. Il résulte donc une diminution évidente de l'encombrement de matériel et de circuit imprimé.

- Cette intégration a aussi comme conséquence immédiate de simplifier le tracé du circuit imprimé puisqu'il n'est plus nécessaire de véhiculer des bus d'adresses et de donnée d'un composant à un autre.

- L'augmentation de la fiabilité du système puisque, le nombre des composants diminuant, le nombre des connexions composants/supports ou composants/circuits imprimer diminue.

- Le microcontrôleur contribue à réduire les coûts à plusieurs niveaux :

  -Moins cher que les autres composants qu'il remplace.

  -Diminuer les coûts de main d'œuvre.

- Réalisation des applications non réalisables avec d'autres composants.

I-4.12 les microcontrôleurs utilisés :

I-4.12.1 le 16F877 :

Figure I.12 le 16f 877

I-4.12.2 brochage du 16F877 :

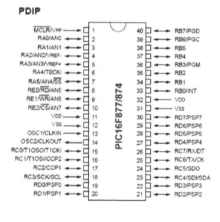

Figure I.13 brochage du 16f877

I-4.12.3 le 16F628 :

Figure I.14 le 16f628

I-4.12.4 brochage du 16F628 :

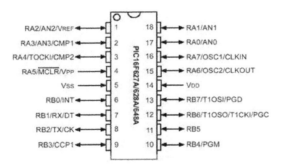

Figure I.15 brochage 16f628